中煎主管日記，
就算心中 OOXX，
賣肝也要做好做滿！

THE SHAPING OF
EXCELLENT
MANAGERS

卓越管理者的塑造

從優秀中層到領導者的轉變

從打造高績效團隊到精準執行策略，
接受「變化」，培養果斷、創新的管理習慣……

楊仕昇 著

揭示中層管理者的必要能力與職涯攻略
中階主管，就是企業的中堅力量！

中煎主管日記

就算心中 OOXX，賣肝也要做好做滿！

目錄

目錄

目錄

第八章　向企業交一份滿意的答案卷

內容簡介

中階主管是企業的中堅力量，承擔著企業決策、策略的執行及基層管理與決策層的管理溝通的作用。他們的工作具有既承上啟下，又獨當一面的特點。本書從優秀中層的職業素養、你是企業的「擎天柱」、高效能工作的標識、文武雙全的「多面高手」、打造高績效團隊、執行，從中層開始、做一個優秀的管理者、向企業交一份滿意的答卷等八個面向，對如何將自己打造成為一名優秀的中階主管進行了詳盡的分析，對中階主管的自我提升具有一定的指導作用。

本書適合於企業中階主管，以及那些具有升遷希望的基層管理人員閱讀，作為自我培訓的進階讀本。另外，作為工具書或培訓教材，本書還適合從事管理諮詢與管理培訓工作的職業管理顧問閱讀。當然，本書對於行政事業單位的中階主管來說，亦具有極強的參考價值。

前言

企業裡的中層是指那些位於中間階級的職能部門管理者，可以有部門經理、部門主管等多種不同稱謂。雖然不同企業對中階主管的稱謂各異，但本質上卻同屬中階主管。

至於中階主管有多重要，在此不妨做一個比喻：中階主管就是推動企業前行與發展的動力引擎。我們都知道引擎是透過將油料燃燒的能量轉化為動能來驅動汽車前行。如果說企業是一輛汽車，那麼企業決策層就是汽車的司機，各個職能部門則共同構成引擎，而不同職能部門的中階主管便是引擎的一個氣缸。並且，每一個氣缸內燃油燃燒的品質都關係到引擎的能量轉化，每一個中階主管的工作品質同樣關係到部門的工作效能，成為影響企業整體效能的關鍵性因素。可見，不同職能部門、不同中階主管承擔著不同的職責、任務與目標，服務於企業整體大局。因為企業要想達成預期效能目標，就要把責任、任務與指標分解到各個職能部門，而需要把責任、任務與指標肩負起來並承諾下來的就是中階主管。對於一家企業來說，中層強，則企業興；中層弱，則企業衰。這絕非危言聳聽！

對於企業而言，中階主管就是企業的骨幹與脊梁，就是企業的「擎天柱」。對於職能部門來說，中階主管就是風向標與助推器。既要引領部門的工作方向，又要助推部屬的工作。中階主管在企業靠什麼立足？是能力是學歷還是勤勉？的確，這些都與中層在企業生存有著緊密的關聯，但卻不是根

前言

本因素。什麼才是決定中層在企業長久立足的根本因素呢?正因如此,中階主管的管理能力才顯得至關重要。在企業管理上,有一個很關鍵的管理原則:中階主管要承擔過程責任和結果責任。為此,中階主管必須努力提升自己的工作能力,做到高效能、高效率、高效益,這樣才能成為最受企業歡迎、最受高層欣賞、最受部屬尊敬的中階主管。

我們知道,中階主管位置難坐,並且工作不好做,除了要精通職能業務外,還要能有效上傳下達、左右逢源與縱橫捭闔。這是一個處於「夾縫」中的職位,也是一個異常棘手的職位,更是一個極具挑戰性的職位。一個剛到企業的外來中階主管,總要接受眾多審視的眼光。這些眼光裡有挑剔,更有排斥,在這種情況下,中層接管企業管理工作所面臨的壓力可想而知。與此同時,已成為企業中層的你該怎樣面對嚴峻的考驗?我們有理由說,中階主管是企業裡面責任最大、負擔最重、風險最高的管理職位。

可以說,中階主管除了得是文武雙全的「雙面高手」,還必須拿得起、放得下,更必須是勇於承擔責任、勇於對結果負責的「真英雄」。中階主管必須向企業交上一份滿意的答案卷,用成績說話,靠成績生存。不過,中階主管想練就高效能的錚錚鐵骨並不是一件容易的事。既需要先天的良好素養,更需要後天的刻骨修練。盡快適應企業裡的「氣候」是衡量一個中階主管是否成熟的重要標誌。身為中階主管更要循於「氣候」,把握分寸。盡快適應企業裡的「氣候」才能生存。在諸多的因素中,最重要的是適應企業老闆的態度。所謂服從而不盲從、尊重而不奉承,指的是對老闆服從的適應。沒有適應,就沒了生存的空間。比如那些只樂於對老闆點頭哈腰,不管是對是錯只會應聲蟲的中階主管，絕對是一個沒個性、沒修養的人。正因如此，本書從中階主管的職業素養、作業理念、溝通技巧、決策執行、快速反應、工作創新、衝突管理等諸多方面加以探討，幫你打造成一名最優秀的中階主管，也為你的職業生涯錦上添花。

本書適合於企業中階主管，以及那些具有升遷希望的基層管理人員閱讀，作為自我培訓的進階讀本。另外，作為工具書或培訓教材，本書還適合從事管理諮詢與管理培訓工作的職業管理顧問閱讀。當然，本書對於行政事業單位的中階主管來說，亦具有極強的參考價值。

第一章　優秀中層的職業素養

如果把一個企業比做人，高階管理者就是大腦，要思考企業的方向和策略；中層就是脊梁，要去協助大腦傳達和執行命令到四肢——基層。可以說，中層就是老闆的「替身」，也就是支持大腦的「脊梁」。中階主管是企業的中堅力量，他們程度的好與壞、能力能否得到充分發揮，直接影響到企業的生產經營和發展。

讓高層放下那顆懷疑的心

每個企業的老闆都會承認：中階主管是企業成長和發展的中堅力量，但是有幾個老闆對手下的中層是信任的？總是怕中層桀驁不馴、居功自傲、功高震主。對中層來說，你要快速提升自己的工作能力，包括讓企業老闆放下那顆懷疑你的心。那麼，你就明白：中層既是管理者，同時也是被管理者。想當好管理者，首先要當好被管理者，這個理念來自於西點軍校。西點軍校以培訓軍官而舉世聞名，每個學員首先要學會的是如何服從。學員上的第一堂課，就是學會抹除自己的個性：所有人的名字統一換成編號，頭髮剪成同一髮型，衣服全部換成校服。這樣做的目的是讓每個人都去掉自我，更好的融入團隊。

中階主管同樣如此。如果每個中層都只強調自己的個性，那麼整個集體就會沒有凝聚力與戰鬥力。即使是才能再高的中階主管，也要學會做團隊裡的一分子。

三國時期的劉備、關羽、張飛三人是一個集團的老闆，諸葛亮、趙雲、馬超、黃忠是這個集團的中階主管，未能進入核心層不是因為他們不忠誠，只是在劉備眼中，他們的忠誠度趕不上關羽和張飛。諸葛亮是三顧茅廬請來的中階主管，其職責就是做事情。劉備去世之前，與其說是託孤，倒不如說是向諸葛亮敲警鐘。「我兒子無能，能輔佐就輔佐，不能的話，你就取而代之。」這話中之話是你有可能取代我兒子，但看在我的面上，不要那麼做，否則你就是不忠不義。劉備經常讓諸葛亮幫忙出謀劃策，賦予他的實權卻不大，一直視諸葛亮為危險人物，諸葛亮威信越高他就越不放心。趙雲的職位是長坂坡拼殺出來的，屬於能力超群的，既然你能力超群，那你多多殺敵去。馬超是走投無路來投靠劉備的，得不到足夠的信任是情理之中的事情。黃忠是投降過來的更不用說，能棄舊主，誰保證不棄新主呢？不信任他也是情理之中的。三國演義中這些情節，在每一個企業精彩的上演著。

微軟公司的副總裁辭掉了總經理艾立克。因為他雖然才華過人，但卻桀驁不馴。儘管這位副總裁十分愛才，希望艾立克留在公司，但他不能相信艾立克。當時，很多技術專家都來為艾立克求情，但是這位副總裁很堅定的告訴他們：「艾立克聰明絕頂不假，但是他的缺點同樣嚴重，我永遠不會讓他在我的部門做經理。」結果，擁有愛才之心的比爾蓋茲聽說這件事後，主動要求將艾立克留下當自己的技術助理。

這件事帶給艾立克極大的觸動，也讓他漸漸意識到自己的缺點和不足。後來，憑著自己的努力，艾立克逐步晉升為微軟公司的資深副總裁，而且非常湊巧，他成為當年那位副總裁的上司。艾立克不是一個心胸狹窄的人，他並沒有對這位副總裁懷恨在心，反而非常感激他。因為正是這位副總裁把他從惡習中喚醒，讓他有了今天的成就和地位。艾立克不僅沒有報復這位副總裁，反而在管理方面虛心向他請教，這時的艾立克已經懂得怎樣做一個好的中階主管。同時，這位副總裁也表現得非常優秀。當艾立克成為他的上司後，他並沒有流露出任何不服氣的想法，而是非常積極的配合艾立克的工作，兩人相處得非常融洽，一直為公司的發展而共同努力。

從艾立克的一降一升中，我們可以看出，當好一個被管理者是多麼重要。在艾立克身上，我們可以看到很多中階主管共同的影子：聰明、有能力、有業績，但同時也讓老闆很不放心。對任何企業來說，老闆是不會容忍一個他不信任的主管的。每一位中階主管都身兼管理者和被管理者的雙重角色，如果連自己都要一味強調個性，讓老闆時不時懷疑他，那麼又如何帶領好自己的團隊呢？

另外一個讓老闆不放心的是功高震主。當然不是經常發生的事情，但有時不是中層存心想震主。也就是說，震主往往不是以個人的意志為轉移的。

那麼，什麼情況下才會發生中層震主呢？當中層具備足夠的權勢時，必然會震主。比如說，當一個企業裡所有的力量、資源、人心都聚攏到中層一邊時，中層自然就具備了震主的條件。這是日積月累形成的結果，是中層靠著自己的智慧、能力、勤奮等，握著老闆授予的權杖帶領著團隊一步步打勝仗獲得的。積小勝為大勝，大家日漸佩服中層，他說什麼是什麼，指到哪裡大家打到哪裡，形成了強有力的戰鬥團隊。

有人認為，這樣更好嗎？老闆可以心安理得的躲到後台只管收銀了？其實事情並不是這麼簡單，老闆的擔心不能說毫無道理。中層和老闆是兩個完全不同的角色，所擔負的責任也不同。一旦中層在企業形成了足夠的強勢，雖然能促進企業的發展，但往往也會形成盲目崇拜。中層是人不是神，當中層出現失誤的時候，由於角色的原因，同樣也會為企業帶來滅頂之災。更重要的是，中層只是責任的傳遞者，而不可能承擔真正的責任，尤其不能承擔投資責任。老闆卻要全部買單，尤其涉及法律責任，作為老闆是要全部承擔的。所以，老闆為了避免危局的出現，會矯正企業失衡的權勢結構。當然，要消除中層的勢是不容易的，而消權則很快就能辦到。於是在企業史上就有一夜之間連降八級的消權經典案例。失去權的勢和沒有勢的權都將不再震主。所以，中層自身的權勢累積到一定程度時，自然會被老闆收回權杖，否則對老闆、對企業、對中層自身都是危險的。當然，歷史上也有曾國藩功高震主，當朝廷正要消其權時自己主動交權的情況，交了權，勢仍將存在，但已構不成威脅。

當中階主管有足夠的權勢，各種裡裡外外、上上下下的因素會逼迫中層震主，那是中層自身所把握不了的。所以也就讓老闆時時不放心你。

當然，我們也不能否認：很多中階主管確實很有才華和能力，但也很容易產生自傲的心理，甚至有時候認為自己的想法比公司的決策還要高明，因此難免對公司的策略有抵制的情緒。但作為企業中層的你是否想過：在某一點上，自己的想法或許確實很高明，但站在整體和全局的高度來看呢？所站的高度不同、所處的位置不同、看問題的角度不一樣，制定的決策也就完全不一樣。而且，企業老闆發表任何一項決策，都首先希望得到主管的擁護而不是阻力，否則，中階主管的作用展現在哪裡呢？或許你會問，難道作為一位主管，就必須完全抹殺自己的個性嗎？當然不是，在具體的實施中，你可以有自己的想法及有個性的操作方式，但是在老闆面前，讓他放下那顆懷疑的心永遠是第一位的。

表現出你的忠誠

某集團公司有一位中階主管，因其是電腦博士，專業能力在國內屬於頂尖的，老闆讓他做了副總裁。可這中層卻在公司購買器材過程中吃回扣，老闆發現後，果斷辭退了他。他的繼任者只是一個大專生，但十分忠誠於公司，博士吃回扣的事情就是他發現的。老闆針對這個案例，曾經在大會上說：「忠誠可以彌補能力的不足，能力卻無法彌補忠誠的不足。我寧肯用一個忠誠的大專生，也不用一個不忠誠的博士生。」這位老闆的話基本上表達了所有公司的用人觀念。

身為一個企業的中層，你該如何去表現自己的忠誠呢？這也很簡單，首先是自己要正直，要忠誠，凡事都要維護公司的利益和聲譽，事事為公司著想，其次，及時而大膽的制止有損公司利益和聲譽的行為，堅決和這類人鬥爭。如果你做得十分突出，讓忠誠成為你的特色，成為你的金字招牌，老闆就會很信任你。

有了好品格，就有了讓老闆信任的資本，要提升能力也就容易得多了。中層學習東西要注意的幾點：

第一，盡可能謙虛。你要做出學生的姿態，拿出學生的誠意來。你本來就是為企業服務的，做學生不是什麼不好意思的事情。你的姿態放低了，也就把老闆捧起來了，每一個人都有被人肯定和看重的心理需求，他一坐上「老師」的位置，教導你的熱情自然就來了，你何愁學不到東西？

第二，每天堅持多做一點點。經驗來自於經歷，技能來自於實踐。在企業管理中，做得越多學得越多，勤快的中層永遠比懶惰的中層更受企業歡迎。你每天主動多做一點點，在本職職位上多做，並且主動去幫助其他職位的人，尤其是虛心向其他部門經理學習。如果其他部門或其他人需要幫手，你要有求必應，並表現出高漲的工作熱情。多做一點，不但獲取別人的信任，還獲取學習與實踐的機會。

第三，盡可能投人所好。要讓老闆把看家本領掏出來，並且樂意教授給你，你就要善於打動他。投人所好是打動人的重要途徑。如果某位老闆喜歡足球，你替他收集一點足球資訊如何？如果某位老闆愛好收藏，你為他收集一點收藏資訊，這些網路上到處都是，你只需要費點工夫整理一下，然後透過電子郵件發給他就是了。

現在，你知道該如何做了吧?從今天開始，展示你的忠誠以及其他優良品格，同時，學習知識和技能。一個舉止得體，品性可人，勤奮好學的中階主管，老闆肯定相信他。

在某公司，有一個自小就是神童的人。據說他十歲寫了長篇小說。十八歲時放棄讀書，跟著他的表叔做生意。他思維非常敏捷，富有創意，常常提出匪夷所思卻又情理之中的提案。十九歲時，他把表叔一個辦事處的貨款占為己有，幾乎讓表叔破產。他美其名曰：「借。」他捲款潛逃時，還留了一張借條。他用這筆錢與人合夥做生意，賺到錢時，想甩掉合夥人，結果甩出官司，官司打下來，生意也沒有了。為了東山再起，他又到一個大企業做銷售經理，故伎重演，再次捲款潛逃。這次也算幸運，他依然沒有受到法律的懲罰。但他卻一直過著逃亡式的生活，錢揮霍光了，身體也被逃亡折磨垮了。

有個好心的朋友可憐他，推薦到一個公司做分公司總經理。他進公司不到一個月，竟然就靠著靈活的腦袋和好口才籠絡了一批信徒。他們這幫人的人生哲學是：「聰明人的鈔票，暫時放在笨人口袋裡。」這話從財富學角度來說，是頗有道理的。但是他們從笨人口袋裡取錢時，卻採取了「侵占」的手段。他的確高明，在公司老闆得知他的信徒在集會時，他已經變著名目，把分公司的錢轉了一百五十萬元在自己戶頭上。不過，就在他準備溜走的那天晚上，警察站在了他家門口。

他在進去監獄之前，說過這樣一句話：「想不到我走南闖北，卻栽在一條小溝裡。」忠誠一定有回報，不忠誠一定有報應。後一句話用在他身上，是再適合不過的了。

當然，說「有能力就可以走遍天下」的中層，是出於對能力的強調，他們在忠誠方面，也不一定就差多少，至少不會去做違法亂紀的事情。就是說，他們能力超群，忠誠度普普通通。

振瑋認為自己算得上一個很能幹的人。他是一個集團公司的中階主管，特點是富有創造性，公司很多別人做不了的事情、解決不了的問題，老闆都讓他出面解決，每次都沒有讓老闆失望。

令振瑋非常痛苦的是，公司的老闆並不怎麼信任他。他做的很多事情，老闆事後都要安排人暗中調查，看他有沒有牟取私利。有時，老闆甚至派他信任的人參與全過程，弄得振瑋很被動。現在，他已經決定離開這個公司了，振瑋兢兢業業，也十分忠誠，但公司老闆對振瑋的不信任，已經嚴重刺傷了他的自尊心。

在很多企業，都有老闆不放心中階主管的問題。這的確是很尷尬的角色，他們做出的成績可能是最多的，得到的回報卻不一定最多，他們所受的待遇是不公平的。

有一位中階主管就屬於這樣的角色。

這位中階主管擁有博士文憑，有著豐富的管理理論知識和實踐經驗，在多家企業做過中層管理。他解決問題的能力非常強，幾乎沒有他不能解決的問題。他為公司做出了不少貢獻，公司的品質管理體系是他建立起來的，成本控制體系是他建立起來的，製造流程是他設計的，企業文化體系是他構建的，商標是他拿下來的，甚至公司有三分之一的銷售公司也是他組建的。他處理人際關係能力相當強，加上能寫能畫能歌善舞，人緣非常好，並且有為數不少的崇拜者。良好的人緣和社交能力，也是他做事容易成功的重要因素之一。他是真正的能幹之人，在公司發展史上，沒有第二個人能夠趕上他。

有一次，老闆出去應酬，喝了很多酒。可能是酒後吐真言吧，老闆這樣評價：「這個人有做董事長的才能，可惜在忠誠度方面欠缺了。」

正因為老闆認為他欠缺忠誠，所以他甚至幾度被棄用。

稱職的中層本來就是企業的財富，但是，卻經常碰到能幹的中層無用武之地，這真是中階主管的悲劇。我們固然可以痛恨用人者有眼無珠，不識得人才。但是，中層也不是沒有一點責任。你展示你的忠誠了嗎？你想辦法讓老闆放心用你了嗎？如果你的忠誠打動了公司老闆，你肯定可以得到重用的，能幹而又忠誠的中層，對任何一個公司來說，都是可遇不可求的稀世珍寶啊！因此，無論你是哪一個公司或企業的中層，你都要表現出你的忠誠，這是你立足企業的根本。

誠信與能力是最好的證明

心怡是一家規模不大的公司的中階主管。在激烈的市場競爭中，這家公司時刻面臨著來自規模較大公司的壓力，隨時都會面臨破產的境地。

有一天，一家大公司的技術部經理邀心怡共進晚餐。這位部門經理在飯桌上對心怡說：「只要妳把你們公司最新產品的數據資料給我，我就給妳很好的回報，怎麼樣？」心怡一聽就憤怒了：「不要再說了！雖然我的公司效益不好，處境艱難，但我絕不會出賣我的良心做這種見不得人的事。我不會答應你的任何要求。」這位經理不但沒有生氣，反而頗為欣賞的拍拍心怡的肩膀，「這件事當我沒說過。來，乾杯！」

不久，這家公司還是破產了。心怡失業了，只好在家裡等待機會。幾個月後的一天，他突然接到被他拒絕提供企業機密的公司總裁的電話，說想見她一面。心怡不知這位總裁找她到底想做什麼。她帶著疑惑來到這家大公司，出乎意料的是，公司的總裁熱情接待了她，並且拿出一張非常正規的聘書，請心怡做技術部經理。心怡喃喃問道：「您為什麼這麼相信我？」總裁笑著說：「原來的部門經理退休了，他向我說起了那件事並特別推薦妳。年輕人，妳的技術程度是出了名的，妳的正直更讓我佩服，妳是值得被我信任的人！」心怡這才明白過來。後來，她憑著自己的技術、管理能力和良好的誠信，成為公司最好的職業經理人。

在我們的企業中，像心怡這樣有技術的中階主管也許很多，但像她這樣既優秀又忠誠守密，卻不是每一位中層都能做得到。也正因為這樣，心怡才能在職業陷入困境時，迎來難得的機遇，並憑藉著優良的技術和誠信，登上最佳職業經理人的寶座。任何一位主管都應該明白，自己和企業是唇齒相依的關係。如果對企業做出有損其利益的事情，損失最大的只能是自己。當然，只有忠誠，只會讓你成為一位普通的中階主管，很難有更大的發展。因為在任何一個老闆心中，誠信和能力都是並駕齊驅的，一樣都不能少。

對於中階主管來說，誠信和能力兩者缺一不可。有一次，某機械公司接了一批訂單，產品出來後，準備發往英國。但在最後檢查的時候，負責這批貨的中階主管舜文發現其中一台機械存在一些小問題。當時，集裝箱已經在碼頭等著了。如果再重新做，就無法及時出貨，也就導致這批貨不能在規定的時間內運到，那麼公司的損失將蒙受很大的損失；如果出貨，又是一批有瑕疵、不完整的貨，那麼為公司帶來的，不僅僅是金錢上的損失，更是信譽上的損失。該怎麼辦呢？面對這樣的問題，舜文急得如熱鍋上的螞蟻。其實，在很多公司，如果出現這樣的問題，大都會由老闆來解決。可是，這間機械公司卻不一樣，老闆會很「大方」的將權力下放給下屬，很多事情都會讓下屬自己想辦法解決，老闆只要擁有知情權就行了。而且，當時該機械公司其他中高層管理者全都在外地。舜文發了一條簡訊給老闆，對情況進行了簡單的說明。老闆讓舜文自己做決定。舜文冷靜下來，突然想到倉庫裡還有一台這樣的機械。既然現在最要緊的是發往英國的貨，最好的辦法只能是從那批貨中，先拿出一台放到發往英國的那批貨中。就這樣，一個棘手的問題被解決了，一個能解決問題的中階主管也顯現出來了。

誠信可以使公司安定、平穩；但能力可以為公司挑起重擔。某公司老闆在當中階主管時，就很好的展現了既有誠信、又有能力的特質。由於能力突出，他被另一家競爭對手看上，要出百萬年薪把他挖走。在龐大的誘惑和對公司的誠信之間，他選擇了後者。在他身上所展現出來的不僅僅是誠信，還有能力。他剛剛負責銷售的時候，就碰到了一個難題：前任銷售經理遺留下一筆數目不小的欠款未追回。他首先想到的卻是公司的利益，果斷攬下了這個艱難的任務。經過四十多天的奔波，終於追回了欠款，使公司免受了一場損失。

為了推行自己的新政策，他多次到經銷商的店裡，和自己的下屬一起幫助經銷商進行銷售，直到將他的第一張訂單賣掉，讓經銷商感受到他的誠意、熱忱的服務和踏實的做法。終於贏得了越來越多經銷商的信賴，不僅為公司帶來了非常好的銷售業績，也使他在經銷商圈子裡獲得了良好的口碑。透過許多類似的事情，他的誠信和能力都被老闆看在眼裡。這樣的人才，有什麼理由不提拔呢？就這樣，他最終成為公司的總經理。

顯而易見，這位中階主管的成就，不僅源於他的誠信，更源於他的能力。有的中階主管對企業很忠心，但工作能力普通，這樣的中層會獲得信任，卻始終難以被委以重任。企業只會為你的使用價值買單，哪怕你的能力再強。如果不能為企業所用，又有什麼意義呢？更何談獲得信任呢？不論是這家機械公司的舜文，還是那位講誠信的銷售經理，都可稱得上是優秀的中階主管。

氣魄多大，舞台就多大

中階主管在企業靠什麼立足？是能力、學歷還是勤勉？的確，這些都與中層在企業生存有著緊密的關聯，卻不是根本因素。什麼才是決定中層在企業長久立足的根本因素呢？我們發現，雖然各個企業的中層在性格、喜好、行事方法方面各有不同，有一點卻是相同的：具有大氣魄。只有大膽而穩健，遠見而堅韌，才能在複雜的企業中傲立潮頭，只有大氣魄才能有大作為。

SONY 的創始人之一盛田昭夫因中風而退出了公司經營決策與管理事務。導致這種悲涼無奈收場的原因，是他留給 SONY 的一筆荒唐透頂的併購案。一九八九年九月二十五日，SONY 宣布斥資四十八億美元，對哥倫比亞影業及相關公司進行併購。哥倫比亞影業的股價為每股十二美元，而

SONY的出價卻是每股二十七美元，許多有影響力的經濟學家與管理學家都認為盛田昭夫肯定是瘋了，並斷定他的一意孤行必把SONY帶向萬劫不復的深淵。確實，日後的事實也驗證了專家的預言，到一九九四年九月三十日，哥倫比亞影業累計虧損三十一億美元，創下了日本公司公布的虧損之最，SONY公司危在旦夕。

但是，當時光進入二十一世紀後，人們漸漸發現，盛田昭夫「失誤」的併購竟然是他留給SONY最有價值的一筆遺產。當很多人抱著損益表在斤斤計較眼前經濟利益的時候，有幾個人能夠理解盛田昭夫的良苦用心？他以企業家特有的眼光洞見了二十一世紀SONY賴以存活的根基——視聽娛樂，並靈敏察覺到了好萊塢的智慧財產權對SONY發展的策略意義。

盛田昭夫以他策略家的超前眼光和企業家的過人氣魄，為未來SONY構建了以家庭視聽娛樂為中心的從內容、管道、網絡到終端的產業鏈條和商業體系，回答了五十年之後SONY靠什麼吃飯、憑什麼競爭的問題。

氣魄就是中階主管的膽略和果斷力，就是一針見血的切中問題的要害，相信自己，力排眾議，做出大膽和及時的決定，就是在不確定的複雜局面中勇於冒險並承擔龐大的壓力和責任。

有這樣一個故事：著名中醫葉天士在為自己的母親治病時，因為一味藥拍不了板，他知道，這味藥如果加對了會治好母親的病，用錯了母親的病會惡化，甚至有死亡的危險。這時，他猶豫不決的轉而詢問另外一位中醫，那位中醫堅決認為應該加。當別人問他為什麼要加藥時，他毫不避諱的說：「因為治好了葉天士母親的病，我可以藉此名揚天下；萬一治不好，反正是別人的母親，不是自己的。」有一位中層對這個故事深有感觸，他說：「中層是什麼？就是把企業當做自己的母親來下藥治病，而且有能力下對藥把母親的病治好的人。」由此可見，中階主管的魄力、膽略和勇氣是何等的珍貴。

氣魄有多大，舞台就有多大，所以中階主管必須要有容人、容事的肚量。心胸寬則能容，能容則眾歸，眾歸則才聚，才聚則事業強。

戰國時期，楚莊王打仗大獲全勝後大宴群臣，有人趁風吹滅蠟燭之際拉住了楚莊王愛妃許姬的衣袖，許姬在黑暗中扯掉對方的纓帶，並要求楚莊王立即點亮蠟燭，嚴懲那個人。但是楚莊王卻不動聲色，反而要求所有臣子都解開纓帶，摘下帽子，開懷痛飲，最後盡歡而散。後來，在楚莊王討伐鄭國時，將軍唐狡奮勇殺敵，立下了赫赫戰功。楚莊王下令重賞，唐狡卻說不敢受賞。楚莊王問為什麼，唐狡說，那次宴會上正是他拉了許姬的衣袖，大王卻不究死罪，他已經感恩不盡，所以捨命相報。正是楚莊王過人的心胸，才得到唐狡赴湯蹈火、死而後已的回報。可見，領導者容人之過、諒人之短的心胸何其重要。

氣魄是中階主管最好的武器。當我們擁有大氣魄時，就會超越層層阻礙，主動挑起大梁，承擔起壓力和責任，甚至是額外的壓力和責任。容事則要求中階主管要能拿得起、放得下，不要斤斤計較眼前的蠅頭小利，要放眼更為廣闊的舞台和空間；不要因為雞毛蒜皮的小事而鬱鬱寡歡，要放眼自己的大理想、大事業；不要因為別人的誤解、冤枉或反對而煩惱憤懣，要執著自己的大策略、大目標；不要因為暫時的挫折和失敗而一蹶不振，要放眼自己美好的前途與光明的未來。這一切帶給我們無限的發展空間。因此，所有的中階主管都應牢記：具有大氣魄才有大發展。

居功不自傲

歷史上，由於居功自傲、最終招來殺身之禍的將領不在少數。

鄧艾以奇兵滅西蜀後，不覺有些自大起來，司馬昭對他本來就有防範之心，現在看他逐漸目空一切，怕久而久之事有所變，於是發詔書調他回京當太尉，明升暗降，削奪了他的兵權。

可以說，鄧艾雖有殺伐征戰的謀略，卻少了點自知的智慧，他既不清楚自己處境的危險，也不明白自己何以招來麻煩。他只想到自己對魏國承擔的使命尚未完成，還有東吳尚待去剿滅，因而上書司馬昭說：「我軍新滅西蜀，以此勝勢進攻東吳，東吳人人震恐，所到之處必如秋風掃落葉。為了休養兵力，一舉滅吳，我想領幾萬兵馬做好準備。」

司馬昭看其上書心更存疑，他命人前去對鄧艾說：「臨事應該上報，不該獨斷專行，封賜蜀主劉禪。」鄧艾爭辯說：「我奉命出征，一切都聽從朝廷指揮。我封賜劉禪，是因此舉可以感化東吳，為滅吳做準備。如果等朝廷命令來，往返路遠，遷延時日，於國家的安定不利。《春秋》中說，士大夫出使邊地，只要可以安社稷、利國家，凡事皆可自己作主。鄧艾雖說不上比古人，卻還不至於做出有損國家的事。」

鄧艾強硬不馴的言辭更加使司馬昭疑懼之心大增，而那些嫉妒鄧艾之功的人紛紛上書誣蔑鄧艾心存叛逆之意。司馬昭最後決定除掉鄧艾，他派遣人馬監禁押送鄧艾前往京師，在路途中將其殺害。

聰明的鄧艾招人疑懼而遭殺身之禍，就是由於其居功自傲的性情。鄧艾一片苦心，卻由於自己不善內省、不明真相，糊裡糊塗的被殺死，的確讓人痛惜。那麼，歷史給予我們的思考與啟迪又是什麼呢？是否遠離權力之爭就沒有危險了呢？可以肯定的是，即使是在在企業群體中，居功自傲也並非一件好事。因為，中階主管無法排除自己會不會正處在一個妒賢嫉能的人際圈子裡，如果是這樣，「居功」已屬不妙，更何況「自傲」呢？

我們難以保證企業老闆都是「賢達開明之主」，本來，中層的「功」對企業以及對他本人是極為有利的，但對企業老闆來說，他同樣會心存嫉妒或感到不舒服，他會由此而疑懼你心存二意，「萬一哪天你投向競爭對手那邊該怎麼辦？」而「自傲」更加刺激了這一系列的心理反應。

換個角度來看，自傲對自己確實無益，除了導致人際關係緊張外，還會使自己喪失許多理性的東西。在企業中可以看到，凡是居功自傲的人，一般都難以吸取失敗的教訓（包括他人或自己過去失敗的教訓），總是看到成功的經驗和榮耀，對他人意見或建議易持牴觸態度，很難像過去一樣，站在相應對等的位置上交流資訊與溝通，從而導致上下關係緊張。

中國歷史上還有一位居功不傲的人物，就是春秋時期越國的宰相范蠡。越國和吳國同處江南，連年交戰，積怨甚深，先是越國殺死了吳王闔閭，後來闔閭之子夫差又俘虜了越王勾踐。越國大臣范蠡和文種透過買通吳王親信，向吳國割地賠款，進獻珍寶，這才保全了勾踐的性命。勾踐在吳國當俘虜期間，忍辱負重，表現得志向全無，使吳王夫差放鬆了警惕，還讓勾踐回到越國。

范蠡隨勾踐回國後，輔佐勾踐臥薪嘗膽、勵精圖治、十年教訓、十年生聚，使越國恢復了元氣。

另一方面，向吳王夫差進獻西施等美女，荒廢吳國國政，使吳國逐漸衰敗。後來越國趁吳王夫差出兵與中原諸國爭霸之際，攻打吳國，終於把吳國打敗。夫差走投無路，自殺身亡，越王勾踐總算大仇得報。

這時，功勛卓著的宰相范蠡不僅沒有居功邀賞，反而急流勇退，從此隱姓埋名，棄政經商，成為歷史上著名的「商聖」陶朱公。史載陶朱公與夫人西施三次聚財萬貫，又三次散財接濟貧民。而另一位功績同樣顯赫的大臣文種，卻因為不聽范蠡的勸告，繼續留在勾踐身邊，被勾踐找了個藉口殺了，沒得善終。

「滿招損，謙受益」，才華出眾而又喜歡自我誇耀的中層，必然會招致老闆或他人的反感。有鋒芒也有魄力，在特定的場合顯示一下自己的鋒芒是很有必要的，但是如果太過，不僅會刺傷別人，也會損傷自己。如果你過分外露自己的才能，只會招致別人的嫉妒，導致自己的失敗。

居功為何不能自傲？仔細想來，有以下幾條原因：

1　無論是趙匡胤還是朱元璋，在處理那些同生共死、浴血奮戰、勞苦功高的開國元勛時，只是採取的方式略有不同罷了。趙匡胤的方式比較柔和，他用「杯酒釋兵權」的策略，為開國元勛留了一條生路，讓他們遠離權柄，頤養天年。而朱元璋採取的手段就比較殘忍，開國元勛大都被他找各種藉口殺掉。這些開國皇帝為什麼要這麼做呢？其實道理很明顯。有些開國元勛功高蓋主，如果他們居功自傲的話，哪個皇帝能容忍呢？很多老闆剛開始對中階主管惺惺相惜，情同手足，恨不得要把江山讓出來；可是等到中層有了一定權威，猜忌、嫉妒、恐懼、防範開始替代最初的信任，從頻頻爭吵逐步發展到勢不兩立，最後是中階主管走人。

2 人與人之間的合作是中層在企業生存和發展的動力，也是中層實現自我價值和奮鬥目標的前提。居功不自傲的中層能贏得同級中層的支持，居功自傲的人則免不了時時被動挨打，舉步維艱。越來越多深陷於同事圈、早已習慣成自然的中層突然頓悟：若想在事業上獲得成功，在工作中得心應手，就不能居功自傲。

3 一個居功不自傲的中階主管的高尚品格，最能展現他的魅力。高尚品格會為中層帶來很大的影響力，使下屬產生敬佩感，促使人們自覺模仿、追隨。居功不自傲的品格是一種很大的力量。成功學的創始人拿破崙·希爾說過：「只要你內心存在著貪婪、妒忌、怨恨及自私。那麼，你將無法吸引任何人，除了那些和你同類的人。」如果一個中階主管處處居功自傲，不僅下屬不服氣，甚至連老闆也不會信任他。一個品格高尚、作風正派、堅持原則、辦事公道的中階主管，他的領導策略就容易被下屬所接受，並且從心理上歸附於他。這種歸附和接受不是強制性的，而是由衷的、自覺的、心甘情願的。

盡快適應這裡的「氣候」

一個剛到企業的外來中階主管，總要接受眾多審視的眼光。這些眼光裡有挑剔，更有排斥，在這種情況下，中層接管企業管理工作所面臨的壓力可想而知。與此同時，已成為企業中層的你該怎樣面對嚴峻的考驗。如果中階主管對企業的文化結構繼續延續著「冷熱不適」，而以自己原有的理

盡快適應這裡的「氣候」

念來強化企業管理，他必然因此失去老闆及員工的支持；如果他簡單評價或誇大企業的種種不合理，將原來的文化全部抽空，以制定理想化的目標和方案，不假思索的拷貝和推行自己原來的成功經驗和方法，而忽視了老做法在新環境下的適應性問題，必然會造成不適應這裡「氣候」的尷尬現象。

造成中層失意的根本原因在於只看到眼前的環境，卻沒有注意這裡的「氣候」，也缺乏對自身「體質」適應性的正確估量。畢竟在已經選擇和進入這個新環境後，你只能讓自己去適應環境，而不能指望環境首先適應你。

中階主管因不適應「氣候」而造成失意大抵會有兩種形式出現：一是給為企業帶來「內傷」。由於文化上的不適應性，中階主管已經習慣的思維和行為模式與企業通行的「慣例」不同，在沒有充分了解和認識這種企業文化之前貿然決策和行動，必然會產生較大的衝突，遭受來自企業內部各方面的抵制，影響整個企業的正常運行。二是為企業帶來「外傷」。主要是由於跨行業、跨區域等原因，對新產品或者新的外界競爭環境缺乏經驗和足夠的認識，從而導致經營決策上的失敗，中階主管的能力與地位因此一落千丈。

盡快適應企業裡的「氣候」，是衡量一個中階主管是否成熟的重要標誌。身為中階主管，更要循於「氣候」，把握分寸。盡快適應企業裡的「氣候」才能生存。所謂「氣候」，包括很多層面。比如對企業老闆要尊重而不奉承，要服從而不盲從；比如對企業事務要攬事而不攬權，要盡責而不越權；比如對同級中層要謙虛而不怯弱，對下屬放手而不放肆；比如在處事中要有才而不顯才，要居功而不自傲——這些都是中階主管適應企業「氣候」的前提，沒有這個前提，你就很難在企業裡站穩腳跟。

建成來公司時是很風光的，許多工作都不用老闆的指點就漂亮的完成了。建成曾揚言，公司若有新建分公司，他將會去上任總經理。老闆從此特別討厭建成。

有人說，是因為老闆的能力不如建成強；有人說，是因為建成說話太過張揚；還有人說，老闆擔心建成會取代他的位置。不管是什麼原因，漸漸的，老闆開始介入建成的工作。總是時不時的將自己的經驗運用到他的部門中，當發現不適用的時候，老闆就會將工作再交回到建成的手中。對此，建成也無可奈何的忍受著，一次一次的整理著殘局。老闆開始經常找他相信的人，詢問建成的動向、想法。所以，在公司大會上，建成以及他部門的部分積極工作的員工都被列為拉幫結派的對象。建成經常被請到老闆辦公室，不再是詢問，而是為了批評。並以莫須有的罪名讓其認罪，經常弄得他莫名其妙。不認罪，老闆就說：「全世界都在說你錯了，你還不承認！」後來，建成就認了，但卻不知道是何種罪。老闆又說：「你態度不好，光嘴上說改，就是不行動。」

而建成和老闆的戰爭也逐漸轉為明戰。老闆說：「是因為副總對建成印象不好。」而什麼才是事實，誰也不知道。漸漸的，建成的工作被別人取代。最後，建成只好離開了公司。

在諸多的因素中，最重要的是適應企業老闆的態度。所謂服從而不盲從、尊重而不奉承，指的是對老闆服從的適應。沒有適應，就沒了生存的空間。比如那些只樂於對老闆點頭哈腰，不管是非對錯只會當應聲蟲的中階主管，絕對是一個沒個性、沒修養的人。

與點頭哈腰型的行為形成反差的另一種表現，是不適應企業的「氣候」。與企業無法「兼容」時將該怎樣做呢？回答無非兩種：一是拍拍屁股走人；二是頂著壓力在企業裡煎熬。

盡快適應這裡的「氣候」

誰也不是萬能的，企業老闆也不是萬事通，中階主管有經驗，有才華，管理工作能力不在老闆之下，這些都是中階主管的優勢。如果你因為老闆的程度「一般般」而覺得不適應，動輒走人，這絕非明智之舉。試想，如果老闆一切都很到位，還高薪聘你來做什麼？不過，像那種「消極適應」者，我們也不敢恭維。比如在明知企業的某些策略失度的前提下還只會滿口應承，全由老闆說了算，心理只抱持反正錯了你承擔的不負責任態度，導致事情走到危險的境地，你就愧對企業主管的頭銜。

當然，老闆的最後決策往往是企業集體意志和智慧的凝聚，大家都應當服從，因為這種服從不單是服從老闆個人，有時也意味著服從企業。工作中的矛盾總是有的，當發生分歧時，中階主管應冷靜對待，慎重考慮老闆的觀點，盡力找出分歧中的相近點去彌合差距，不可意氣用事。如果分歧是因為掌握的情況有差異而得出不同的結論，就應該充分理解老闆的苦衷，是否有難言之處，倘若分歧涉及到正與誤之別，就只能按企業原則辦事，弄清是非，以理服人，才是最好的生存適應。

另外，就是對同級中層與下屬關係的適應。一般而言，具有超前意識，工作積極主動，團結同事與下屬是中階主管的基本素養，也是其上進心、事業心的展現。盡快適應企業的「氣候」，涵義有如下幾點：一是要有全局觀，不能只顧自己的一畝三分地，只看局部利益的得失。二是要對事不對人，不能總盯著別人挑毛病而失了自己管理者的風度。三是要攬事不攬權，為下屬做個好榜樣。不要動不動擺架子、鬧脾氣。

一個中階主管在企業中的適應力注定了他在企業中的真正命運。能當上企業的中階主管，並不能說明你永遠都能留在這個位置上，要是不適應企業的文化和規章制度，不適應下屬的各種正向建議，危機就會緊跟著你，你就不能在中階主管的職位上久留。因為說不定哪天你就會被罷官，就會有能適應企業「氣候」的人來接替你。此外，中階主管還要具備對各種資訊的適應力。資訊海洋變幻莫測，需要中階主管審時度勢、隨機應變的能力和適應力，在企業決策已經改變的情況下，或者接到突發的指示，中階主管應當表現得既不驚慌失措又不拘泥刻板，能夠沉著冷靜、靈活機動的予以處置。當然，靈活機動絕非草率從事、隨意武斷，而是慎重的做出合乎實際的決策。即使一時不能改變自己團隊的決策，在一面找出路的同時，還要保有一顆平常心來適應新資訊的挑戰。依此而照己，謹請中階主管多思量：你適應這裡的「氣候」了嗎？

落地就生根

某公司為了提高管理程度，特別高薪聘請了一位年富力強、十分有管理經驗的人士擔任辦公室主任。這位外來的中層管理者上任後發現，公司的大事、小事都是老闆一個人說了算。儘管他的薪資比他在別的企業時高好幾倍，但覺得自己這個辦公室主任實際上只是個擺在那裡充門面的「花瓶」——有職無權。既無用人權，也無放財權。他為報企業公司老闆的知遇之恩，本來滿腔熱情的想要把這裡當成他為之奮鬥一生的陣地，沒想到這裡的環境給他的感覺是「水土不服」，在他上任短短兩個月後便辭職了。

在非洲馬達加斯加群島南部有一種植物叫落地生根。這種植物是利用葉片繁殖後代的，是景天科家族成員。光聽名字就知道，落地生根的生命力十分旺盛，即使在只有一點點土的水泥地上，它也能生長。如果生活的地方陽光充足、溫暖溼潤，落地生根就會很快在葉子的鋸齒間長出一個個小小的幼苗，每個幼苗都有一對圓圓的葉片。慢慢長大後，幼苗居然還能生出長長的、細細的「白鬍子」，這些鬍子叫「氣生根」。不過，稀奇的不是這些氣生根，而是只需輕輕一觸，幼苗就會脫落，落到地面就能生根發芽，長成一棵新的落地生根。

身為人，就該像種子一樣，要有適應環境的能力，不能因環境的變遷而輕易放棄。像上面這位中階主管就屬於落地而沒有生根的典型代表。

身為一名中階主管，怎麼樣才能向那棵植物一樣落地就生根？其實，中層要想在一家新企業裡快速發展起來，也不是什麼比登天還難的事。一般來說，中階主管必須正確領會企業老闆的意圖，否則會引起不必要的麻煩。而企業老闆眼中的理想中層有如下幾點：

1　忠於職守。老闆需要忠誠，但不要太出風頭。忠誠是對企業忠心、對老闆誠心之意，而出風頭無異於對企業、對老闆的挑戰。從忠誠角度而言，中階主管這個職位的「終極陷阱」是過於稱職。能夠很好執行老闆的命令，固然可造就理想的中階主管，但未必能造就卓越的中階主管。倫敦商學院教授曾說：「從某些方面來看，假如你的中階主管當得太內行了，那就說明你已經被自己制約了。」對於一名雄心勃勃的中層而言，最好的出路是忠實履行職務，但不要在這個職位上待太長時間。否則你很可能會被老闆視為威脅，他就會漸漸對你多留一手，而你還要為其後果承擔責任的苛求。美國摩根大通的戴蒙曾是威爾的忠誠手下，但隨著他管理能力的突飛猛進，他開始產生了自己的獨到見解。接著他就被炒魷魚了。因此，中階主管應該忠於職守，但若是太出風頭，不知哪日就成為老闆的槍靶了。

2 是「看不見」的。從企業老闆的立場看，理想的中層不僅應該是勤奮、忠實、高效的，而且還應該是「看不見」的。所謂「看不見」，就是要求中階主管能夠在「沒有辦公桌」的地方辦公。而這正是擔任企業中層的最難之處。如果是辦公室「看不見」的好中層，那就意味著他必定活躍在下屬中間。換句話說，「看不見」的中層只有在第一線被看見，企業的工作效率和業績才能得到真正的提高。

3 能為團隊做出犧牲。在眾多企業老闆的眼裡，中階主管是可以為公司做出犧牲的。如果連這一點都做不到，就沒有資格當企業的中層。二〇〇四年春，傳媒集團維亞康姆梅爾．卡梅金辭去了總裁兼營運長職務。接著，在可口可樂擔任相同職務的史蒂芬．海爾也離任了。卡梅金和海爾都不是中層的最佳人選。據說，他們兩人都很要強、雄心勃勃、自私自利，有時還很粗暴，不善於溝通。然而這並不意味著他們當不好高層管理者。依照他們的性格和秉性，他們似乎都更適合從企業老闆手中接過大旗，或者應邀到另一家企業充當中層，這樣的人，如何能期待他們為公司犧牲自我？

4 是「不聽話」的。每一個企業老闆都不希望自己公司裡的中層只是一個「聽話」的管理者，他們要求中階主管樹立正確的態度，即一方面對企業者忠誠，另一方面保持思想獨立。這種要求對中層並不苛刻，但讓中層滿足老闆的期待則非易事。因為多數中層是在企業內部提拔的。能得到提拔的人往往符合第一個條件，而第二個條件能接受考察的機會則少之又少。如果要想滿足這兩方面的期待，老闆不妨設若干個中層職位，讓他們在平等的位置上各負其責，每個中層都有正事可做。分割兩個中層職位的方法是，一個擔任策略家，另一個擔任執行者。比如奇異董事長傑夫．伊梅特手下有三位副董事長，還有各分部的主管。「副董事長」這個職位具有某種令人寬慰的安全感：一方面，它顯示有老手在提供高見；另一方面，如此德高望重的智者不至於製造麻煩。再比如在英國皇家海軍中，艦長的中層是導航官。艦長制定軍艦的航向及其策略；而導航官的作用與營運長相同，即發布命令，借以執行前者制定的策略。

5

具有職業修養。企業老闆希望中層首先必須是一個能對自己的職位負責的人，這包括一個人的綜合能力、道德品格、職業忠誠度等多方面。誠信，可以說是中層的金字招牌，一旦玷汙了這塊招牌，則意味著你的職業生涯從此終結，而奠定誠信基石的就是中層良好的職業道德與操守。另外，老闆還很忌諱中層因為與他出現矛盾而跳槽。一般而言，老闆是出於信任才讓中層負責經營他的企業的。但同時，老闆又不認同中層的某些做法，在旁邊指手畫腳，或者不放心將企業交給中階主管打理，因而束縛中層的權限。無論哪種做法，都容易激起老闆和中層之間的矛盾，從而導致中階主管選擇跳槽。在跳槽的同時，他也往往帶走了自己在企業裡的親信，造成集體跳槽。而中層跳槽不管出於多充足的理由，對企業而言，都表現了職業修養的缺失。

縱觀以上五點，要想取得企業老闆的器重，這可不是一朝一夕的事。有人認為，只要比其他人做更多的工作，任勞任怨，就能取悅他，其實這種意識是很拙劣的。對企業而言，如今老闆的理念並不是同一個模具裡刻出來的，許多老闆更看重職業操守和管理能力，而非做了多少事，加了多少班。如果你能把握住分寸，把企業管理得井井有條，你在這個企業裡就能像馬達加斯加群島南部的落地生根一樣，在其中落地生根了。

有足夠的耐心去證明自己

一位成功企業家如此暢言：「時代在前進，我們也要不斷學習新知識。要不然，博士就會變成碩士，碩士就會變成學士，學士變成什麼都不是。」這就說明，要當一個優秀的中層，首先自己要樹立起危機感和緊迫感，只有在危機感和緊迫感的督促下，你才會自覺用自己的實力管理好企業交給你的任務；你才能把一個企業管理成一流的企業。

一流的企業需要一流的中層來管理，他們的管理水準直接關係到企業的前途和命運。身為企業的管理者，他們必須具有卓越的遠見、堅定的目標、百倍的自信、超越自我和不斷否定自我的勇氣。

一家生產腳踏車鏈條的企業，在創業初期依靠一批志同道合的朋友，不怕苦不怕累，不講條件，從早到晚拚命做。公司發展迅速，經過幾年的發展，員工由原來的四五個人發展到上千人，產值由原來的每月幾萬元發展到每月上億元。企業大了，人也多了，但老闆明顯感覺到，公司中層越來越忙，工作效率越來越低。這時候，當初和老闆一起創業的主管開始談條件、講待遇了。

老闆開始從外界應徵中層來打擊這支「老」的中層管理隊伍，但是這些中階主管無一例外，不是水土不服，就是被排擠出局，到最後只要有新的中階主管被招來，公司裡的中層就會賭他是否能創造最短時間離開公司的紀錄，最終回到老路，重用「功臣」。加薪後，中層的熱情也很高，工作十分賣力，好像又恢復到往日的日子，但這種情況維持不到兩個月，又慢慢恢復到原來的狀態。

這家公司出現的這種情況是一個普遍現象，很多企業都經歷了這樣一個過程，在創業初期，每個人都可以不計報酬、不計得失、不辭辛勞、不分彼此，甚至加班加點，但是，只要企業一大，大家這種艱苦奮鬥、不計報酬的奉獻精神就沒有了。

中階主管不但要保證自己優秀，而且應該是造就卓越企業的領路人，同時還應該是企業文化的倡導者、示範者與建設者。因為倡導企業經營理念、確立價值觀並使之深入人心，需要中階主管的傳播、執行和示範。因此，他們的素養如何，直接決定了一個企業的文化優劣與走勢。觀察那些不成功的企業，往往可以發現其根本原因在於企業的中階主管缺乏文化素養或文化素養不高，這也是導致企業不能有大發展的直接根源。

宗儒曾是某跨國公司的中階主管，但總感覺有種說不出的阻力在阻礙著他，自己的才能無法得到充分發揮。一個偶然的機會，他結識了某企業老闆柏廷，經過多次洽談後，宗儒被重金聘為這家企業的銷售部經理。誰知剛上任三個月，銷售代表俊彥就被客戶投訴貪汙現金回饋，審計部的調查證實了這一點，而且現金回饋單上居然有宗儒的簽名。這事讓柏廷大為光火，於是他親自到銷售部質問宗儒。

「你手下的銷售代表貪汙客戶的現金回饋，這麼長時間了，你居然不知道？」

宗儒辯解道：「我也知道了這件事。按照流程，俊彥是把現金回饋單報到我的助理那，她審查並整理好後，再讓我簽字。我的工作也很多，可能當時沒看清楚。」

「是沒有看清楚那麼簡單嗎？你的工作比我還多？」柏廷懷疑的看著宗儒。

由於宗儒到公司的時間不久，對銷售部的關係還沒有理順，甚至在某些情況下，他還得順著助理的意思簽署一些文件。柏廷前去質問的意思，其實並非要處理哪一個人，只是希望不要再出現類似的問題了。可宗儒卻還在囁嚅著解釋原因：「是我工作的疏忽，回頭我會和助理商量改進工作流程，並要求公司處置她，也請處置我。」「處置助理能補回公司的損失嗎？這件事應該負全責的是你！」柏廷對宗儒這種模糊的態度感到很氣憤。

宗儒做錯了也說錯了。在柏廷眼中，宗儒是代表銷售部的，只要銷售部出了問題，無論問題是大是小，一定有宗儒的責任。所以一旦出了狀況，宗儒要首先認錯，而不是一味推脫，更不能拿小小的助理墊背，這種缺乏責任心的舉動只會讓老闆憤怒：公司的經理都不願意承擔責任，怎麼能管理員工呢？員工怎麼能服從呢？

老闆知道出了問題，懲罰當事人不是唯一辦法，關鍵是不讓問題發生。有人主動承擔責任了，大家才好盡快靜下心來，尋找解決問題的辦法，否則人人自危，怎麼有心思想解決的辦法呢？反過來，一旦中階主管把責任扛下來了，下屬就可能和中層一起想出根本解決問題的辦法，才可能跳出來承擔屬於自己的責任，因為這時比較「安全」，不會「一個人死」。

所以無論從老闆的角度，還是從下屬的角度，中階主管都要先跳出來承擔責任。而承擔責任的中層會得到老闆的看重，也會得到下屬的擁戴，這樣反而更「安全」。所以，當聽到宗儒不但不敢承認錯誤，還在抱怨助理辦事不力時，老闆當然要火冒三丈了。

柏廷說道：「本來我過來，是為了了解一下事情的原因，並不是要懲罰你的。不過現在得考慮一下你的能力問題了。」

成功的企業背後都有一流的中層管理，而成功的管理需要有一流的中層來主持。因此，一流的中層就是一流的「管家」。一位企業管理學家在描述成功的企業中層時這樣說：「他們奮不顧身的衝向廣闊的經濟戰場，開闢出一片又一片創新的領域，他們具有青年人的好奇心、發明者的創造欲、初戀者的新鮮感、神經質般的敏感性以及建設者和破壞者兼備的改革意識。而身為一流的中層，他們同時還必須具備非凡的領導才能和優秀的文化素養。」

當然，這種才能和素養並不是每一個中階主管都有的。不管你加盟的是哪種類型的企業，也不管你當的是何種級別的中層，首先必須解決的是適應該企業文化的問題。其實有沒有權力只是表象，甚至業績和能力的證明也不是最重要的，最核心的東西在於中層能不能融入這個企業的文化之中，能不能盡快適合這塊「土壤」。如果你待在企業一段時間後仍對這個企業的文化一知半解，你就不可能成為優秀的中層。

身為企業的中階主管，必須有足夠的耐心去證明自己的能力和等待老闆的認可，千萬不能太心急，因為現實中不存在百分百完美的環境。如果用理想化去主導行為，到任何企業都會碰壁。你會發現「這個企業跟自己想像中的不一樣。我來這裡是做總經理，所有的財權、人權都應該交給我。」即使這些期待終會實現，但需要一個逐步的過程。畢竟，羅馬不是一天造成的。

成為一流的中層

不忍受屈辱，怎麼能夠擔負重任？這句話對於所有中階主管來說，尤為重要。

「忍辱負重」是忍受恥辱勞怨而肩負重任的意思。歷史上忍辱負重的事例不少，如越王勾踐被吳國打敗後，忍受了到吳國當人質、奴僕的屈辱，最後完成了他滅吳的大計；還有漢代的司馬遷，忍受腐刑之辱，終於完成了史家絕唱——《史記》。這些古人堪稱忍辱負重的典範。

為了堅持自己的追求，而忍受一切難以忍受的東西。為什麼這麼說呢？由於處在特殊的位置，很多時候，中階主管在工作中常常會受到來自各方的壓力：老闆的責難，同級主管的誤會，甚至是員工的牴觸和客戶的責罵。這時候該怎麼辦？是抱怨還是一走了之？當然不能。因為這樣不但解決不了任何問題，或許還會因一時的衝動，讓自己陷入被動的局面中。中階主管正是明白了這個道理：面對羞辱時，往往需要你學會忍耐。因為他們首先想到的不是自己的面子，而是如何以此為契機，讓自己的能力和素養獲得快速的提升。

忍得一時之辱，最終成就一番大業的例子比比皆是。

日本三井物產的總裁八尋俊邦就是一個典範。一九四〇年，由於八尋俊邦業績非常突出，總部把三井物產調回來任為神戶分店的橡膠課課長。但在他任課長期間，由於橡膠行情大幅下滑，加上他的應變措施發表太慢，使公司蒙受了重大損失，八尋俊邦因此被降為一般職員。其實，業績下滑在很大程度上是外在客觀原因造成的，而公司老闆將錯誤完全歸咎於八尋俊邦的頭上未免有失偏頗，何況他還是有功之臣，但老闆還是毫不留情的將他降了職。可能很多中階主管遭遇這樣的情況時，會感到莫大的恥辱，甚至對企業失去信心，一走了之另謀高就。但對八尋俊邦來說，受到這樣的處罰雖然讓他感到既難過又羞辱，對他打擊也非常大，但他還是選擇了忍耐。從哪裡跌倒，就從哪裡爬起來。

他告訴自己：以前的光榮都已成為過去，重要的是今後再遇上問題時要懂得如何處理、應變。他在內心不斷鼓勵自己：「絕不氣餒。」他很快調整了自己的心態，重新帶著滿腔熱情投入到工作中。一年後，八尋俊邦被分配到石油製品部門，他覺得展現自己才華的時機到了，於是開始大展拳腳。很快，他升任為三井物產化學品部門的部長。最終，他成為三井物產的總裁。

從八尋俊邦的經歷中，我們明白了這樣一個道理：忍辱並不代表無能，今天的忍辱，是為了明天能夠更好的負重。但現在，很多中階主管都不明白這個道理。

筆者經過總結認為，在中階主管中有以下三種人：第一種，一點不能「忍」，一碰就有「氣」，誰也說不得，誰也惹不起。顯然，這是最差勁的中層。第二種，遇到指責，認真思考，有則改之，再接再厲。即使是別人犯了錯，自己也要承擔大部分的責任。也許你會說，這種中階主管就是最好的了。但筆者並不這樣認為。第三種，主動「找氣」受。也許你會奇怪，為什麼要主動「找氣」受呢？當你處於中層的位置時，相對基層員工來說，就是處在高位上。此時，員工出於對你的敬畏，會大大減少對你的指責，但你同時也減少了傾聽問題的機會，很容易飄飄然而不自知。而優秀的中階主管會放下自己的架子，主動深入基層，既能看到組織中存在的問題，也能看到自己身上存在的問題。因此，第三種中層才是一流的中層！

清朝初年的康熙皇帝就是個非常能忍受的人。康熙是中國歷史上少有的一位明君，在位六十一年，勵精圖治，開疆拓土，使中國成為當時世界上幅員最遼闊、人口最多、經濟最富庶、文化最繁榮、國力最強盛的國家，為康雍乾盛世奠定大好基礎。

康熙的父親順治很早就離開了他，他八歲就登基了。順治在遺詔中特別安排了四個輔政大臣輔佐他：第一個是索尼，但他年紀太大；第二個是蘇克薩哈，年紀又太輕；第三個是遏必隆，個性很軟弱；第四個是鰲拜，很有能力，但非常專斷。

熟悉清朝歷史的人都知道，鰲拜最後成為權傾朝野的權臣，連康熙都要受他的轄制。康熙十四歲開始親政，那一年，鰲拜要處死蘇克薩哈，康熙不願意，鰲拜與康熙起了爭執，居然揮拳相向：「我說殺就殺！他非死不可！」結果，蘇克薩哈人頭落地。身為皇帝要承受這樣的委屈，我們可以想見當時康熙的憤恨與痛苦。據說他在花園裡面咬牙發誓：「我要除掉這個鰲拜！」他的祖母孝莊太后正好站在他後面，她說道：「放肆！這種話如果被鰲拜聽到，還有你當皇帝的份嗎？」康熙低著頭，一言不發，心中暗暗發誓一定要除掉鰲拜。

康熙親政後，鰲拜竟圖謀廢君改朝，康熙被迫拼死相爭。十六歲那年，康熙終於等到一個機會，最終智擒鰲拜，肅清政敵。

康熙八歲登基，十歲開始跟鰲拜起正面衝突，一直等到十六歲，才終於有機會誅除鰲拜。當年，康熙的年紀還那麼小，如果沉不住氣，也許會早早被鰲拜廢掉，甚至無聲無息的死去，但康熙非常沉穩，面對鰲拜能夠委曲求全，等到時機成熟再把他除掉。連皇帝都是要承受委屈的，更何況是我們一般人。

當中階主管面對「辱」時，應該明確以下三點：第一，小不忍則亂大謀，當你的決策和工作能力受到懷疑與不理解時，如果激烈爭辯甚至憤然離去，都可能會導致你的理想、價值無法實現。若能忍得一時之氣，將眼光放長遠，日後必將成就大事。「辱」是你成長中最好的老師，「辱」的另一層涵義是我們本身有沒做到位的地方。第二，當受到批評甚至辱罵時，優秀的中階主管會立即自我反省，是否因為自己的能力不夠，或做事方式不妥。有時，中階主管很難看清自己，而旁觀者的眼睛總是能看到你的不足。不妨將此當做自己成長的契機，放下身段，讓「辱」引導你改正缺點，迅速成長。也許我們所受的「辱」是不白之冤，但與其生氣，不如爭氣。第三，當遭受誤解時，不妨用行動和事實來改變現狀。當你做出成績時，不僅能讓企業老闆看到你的能力，更能看到你的胸襟與氣度。為解決問題主動找「辱」，是對事業負責的最高展現。

身為中階主管，若能做到以上三點，必會成為企業老闆和員工眼中最值得信任的管理者，也必將成為眼光長遠、心懷遠大抱負的優秀中層。

第二章　你是企業的「擎天柱」

不同職能部門、不同中階主管承擔著不同的職責、任務與目標，服務於企業整體大局。對於一家企業來說，中層強，則企業興；中層弱，則企業衰。可以說，中階主管就是企業的骨幹，就是企業的「擎天柱」。

明確工作權限

在其位，謀其政，盡其責是當好中階主管所必備的前提。

由於中層承上啟下的特殊地位，工作上也有其獨特性。一般而言，對中層能起到直接影響的是企業老闆、同級主管、部門經理、辦公室主任以及下屬和一般員工三種階層的人物，因此，如何明確自己的工作權限，處理好與這三層人物的關係，是任何一個企業的中階主管必須面對的問題。處於中間地位，如何在企業的兩端搭起一座既能適應普通員工又能適應老闆的橋梁，確實頗費中層一番腦筋。

我們必須承認，中階主管在企業中具有舉足輕重的地位，工作中必然會遇到來自上下左右的矛盾和問題。因此，中層必須明確自己的工作權限，在方法上講究藝術性和技巧性，使自己縱橫捭闔，發揮結合上下、溝通左右的關鍵作用。

一九三三年七月，松下幸之助決定投資開發小馬達，為什麼要開發小馬達呢？因為他發現很多家用電器都在面臨一個非常大的轉折，就是電器裡面要使用小馬達作驅動。過去馬達都用在大機器裡，但是家用電器的現代化趨勢使得電風扇那樣的家電都要用到小馬達。

所以，松下相信家用電器中大量使用小馬達的時代即將到來，因而委任優秀的研發人員中尾擔任新產品研發部部長。

中尾接受任務後，就帶著部下買來的奇異生產的小馬達，著迷的拆卸與研究。結果有一次，松下經過中尾的實驗室時，看到中尾的工作，松下非但沒有表揚他，反而狠狠批評了中尾。

那麼，松下為什麼要這樣做？因為松下意識到檢驗中層是否優秀的一個要點就是看他的思維方式有沒有變化。

於是松下對中尾說：「你是我最器重的研究人才，可是你的管理才能我實在不敢恭維。公司的規模已經相當大了，研究項目日益增多，即使一天有四十八小時，也完成不了那麼多工作。所以作為研究部長，你的主要職責就是製造十個，甚至一百個像你這樣擅長研究的人，我相信你能做到。」這就是思維的轉變，如果這種思維不轉變，中尾雖然可以把電機研發出來，但是松下永遠做不成大公司。

然而，問題的關鍵在於：如果你是中尾的話，你是願意培養一百個跟自己一樣優秀的人才，還是寧願靠自己一個人完成整件事？結論當然是培養更多的優秀人才，這是公司發展的大勢所趨。

所以，後來松下公司不僅研究出開放型的鼠籠式三相異步馬達，而且還擠垮了日本最大的馬達生產廠家——百川電機。

後來百川的老總來找松下，他說：「我是專門做馬達的，你是做電器的，我做了一輩子馬達，我有很多優秀的電機專家，可是你居然用三年時間就把我弄到破產了。你推出的產品比我的技術程度高，也更受市場歡迎，你是從哪裡招來這些專家打敗了我？」

松下說：「沒有，我的所有專家全是內部員工！我只是把更多員工變成了專家。你有幾十個優秀的專家，但卻沒有幾百個優秀的員工，我正好相反！」

大家都知道，松下做的發明都不是獨創性的發明，他的大部分工作就是把別人的東西拆開了研究，然後再做更好的產品。松下有這樣一個觀念：我們不做第一，但是要做比第一更快的第一。松下的辦法就是讓自己的員工成為專家，然後打敗原先的那個專家。

PAnAsonic能夠成為世界五百強中的大公司，松下幸之助的思想起到了決定性的作用。

所以，中層首要先就是一定要找準位置。如果你選擇當司機，就要對全車的人負責；如果你選擇當乘客，就要對自己的目的地負責。

任何企業的「三角」關係都是很微妙的。然而，一個完整的企業必須由A角、B角和C角組成。老闆是A角，下屬和一般員工是C角，B角顯然是中階主管。因此，在企業老闆和下屬、一般員工中發揮黏合劑作用，就是中層責無旁貸、也最難做到的事。

中階主管必須明確自己的工作權限，善於站位而不越位。所謂站位，是指充分行使自己的職權，有效發揮自己的作用；而越位則是指超越自己的職權行事。可以說，位置意識和角色理念對於中層而言相當重要，在其位，謀其政，盡其責更是準確指明了其位置以及所應擔負的職責權限。那麼，中階主管應該怎樣做才符合如上所說的位置意識和角色理念呢？

第一要居其位而不越位。大多數企業的中階主管屬於老闆所委任。因此，中層首先要考慮的任務是要對企業、對老闆負責，對於企業老闆交辦的各項管理工作，應該積極主動、創造性的開展並完成，工作時不能機械的照搬條文，要有開拓創新的意識。同時，中層還要對下屬、員工負責，遇到麻煩事要勇於負責，出了問題要勇於承擔責任。尤其是對一些難度大或得罪人的事，更不能藉口推脫，要主動攬過來，大膽處理。工作時還應注意：要定期向老闆匯報自己管理工作的進展情況，便於老闆了解和掌握企業的全局工作，同時也能及時得到他的支持和指示，這樣就會使自己的管理工作開展起來更加嚴謹和完美，減少在工作中出現的失誤。眾所周知，企業裡只有老闆才是全權代表，中階主管的職責只限局部，並始終接受整體權責的調整制約而不能越其位。中層的職權再大也只是老闆的下屬，攬事不攬權，不說過頭話、辦過頭事，才能力保職位不失。

第二是讓老闆留下「聽話」的好印象。中層的權謀意在權衡。所謂權衡，其實質意義就是要為企業的決策把好關，而不是充當唯唯諾諾的應聲蟲。戴爾公司的羅林斯追隨戴爾數十年，最終能成為戴爾公司的中階主管，除他自身的努力工作外，還和他經常無私的為戴爾出謀獻策的精神不無關係。由此可以看出，要想當好管理者，中層就得以自己的實際行動來取得企業的信任，有了這份信任，你才有資格踏進優秀中層這道門。

中層在取得企業的信任後，接下來要學會解讀老闆的性格、性情和愛好。如果中層摸不透老闆的性格、性情和愛好，就很難對老闆的旨意心領神會，就很難與其形成正常的溝通，甚至還會曲解他的意圖。比如老闆發脾氣時，最好採用「以靜制動」的方法對待。硬著頭皮來洗耳恭聽，正確的接受，即使不正確，也不可與正在氣頭上的老闆爭辯。因為對情緒尚處於激動狀態的人做任何辯白都是徒勞的，甚至會適得其反。要有擔當「出氣筒」的肚量，才會讓老闆留下「聽話」的好印象，你也能因此得到更多的善待和信任。否則，最終吃虧的還是自己。曾號稱美國銀行老大的「花旗帝國」由羅伯特．維倫斯坦德出任總裁後，中階主管傑米．戴蒙只顧自己的事做得「怎樣出色」，根本不買羅伯特．維倫斯坦德的帳，結果在他的能力日益長進之時，就被炒魷魚了。

第三是管理職責不偏位。老闆是企業的領袖，是主角。輔佐老闆是中層責無旁貸的任務。因而，中階主管要牢牢樹立起配角意識，凡事要從大局出發，在各個方面維護老闆在企業中的地位和威信，這是中階主管的本分；尊重老闆、當好他的參謀助手是你的職責。中層要放開手腳，行應行之權，盡應盡之責，但不能超越權限。雖然高層管理者注重的是集體，但這並不意味著中層在權利分配和運用上可以與老闆平分秋色，而是要求中階主管透過管理集體來維護老闆的主導地位。中層既要有獨立思考問題、處理問題的能力，又要把自己置身於服從、服務的位置，不能有任何的偏離。特別是在執行企業的策略時，若以某種理由和藉口自行其是，這是絕對不被老闆及高級管理層所允許的。

第四是不離位更不空位。「人非聖賢，孰能無過」，老闆在負責把握企業的大局中，也難免會有「大意失荊州」的時候。有時沒有意識到自己的失誤，甚至不聽諫言，面對這類情況，中階主管絕不能帶頭鬧脾氣、擺爛，否則很容易造成企業重要職能部門的離位或空位。不能因為老闆不納諫言就心灰意冷，或冷言冷語袖手旁觀，而是要抱持與企業全局「一榮俱榮、一損俱損」的合作心態，主動勸誡老闆，幫其分憂，助其糾正。勸誡其要講究策略，掌握時機，要有耐心、誠心，使他對你的正確意見心悅誠服。此外，中階主管還要精心締造優秀的管理企業，使其他管理者極盡所能的負責好各自的工作，以避免職位空位。

第五是和老闆心心相印。既然是中階主管，職權再大也是企業決策的執行者，而老闆是企業的「一家之長」，在企業中他自然享有至高無上的榮譽，這種榮譽包括他與眾不同的生活習性——可以不參與企業的考勤，可以丟三落四，甚至可以犯了錯誤不認帳——這些都不是中層可以挖苦他的理由。你挖苦或諷刺他一次，他會覺得你這個中層很沒修養，你的地位很可能就岌岌可危了。

在工作上和老闆心心相印，這是展現中層能力的最好方法。因此，除了如上所說的應把握的幾項原則外，中階主管還應該努力做到自動自發。古今中外，這樣的典範不勝枚舉。他們無一不是各個企業裡的最佳中層，其中最主要的就是他們都能和老闆心心相印，攜手共創豐功偉業。

練就一副錚錚鐵骨

在企業裡，中階主管位置難坐，工作也不好做。或者說，這個管理職位不簡單：除了要精通職能業務外，還要能有效上傳下達、左右逢源與縱橫捭闔。因此，中階主管想練就高效能的錚錚鐵骨並不是一件容易事。既需要先天的良好素養，更需要後天的刻骨修練。

下面為中階主管列舉的六種練就錚錚鐵骨的好方法。

1　把知識視為高效的階梯。有些在學校課業成績很優秀的人進入企業工作後，就再也沒有學習知識，這是很危險的。反之，有些人在學校讀書時成績並不怎麼好，但到企業後仍然勤勉踏實，同時不放棄自覺的學習習慣，增加自己的知識量，因此能維持很高的工作效能。培根曾說過：「讀史使人明智，讀詩使人靈秀，數學使人周密，物理學使人深刻，倫理學使人莊重，邏輯修辭之學使人善辯。」中階主管的能力就是透過不斷的自覺學習鑄就而成的。除此之外，還要多向老闆、同級主管、下屬學習。透過學習，吸收他人優點之精華，可以成為中階主管知識的源泉。經驗的累積和知識底蘊的提升來自平常的努力。努力學習，掌握的知識越多，累積的經驗也越多。

2 掌握資訊。要密切關注企業裡的各種管理資訊。企業管理在很多方面要參考來自行業資訊的啟示。在反覆學習和實踐的過程中，時不時摻入行業管理資訊的啟示，豐富了你比較和鑑別的依據。比如同行的創新、改革等資訊，以及資訊的動態和走向，你都花了精力去了解和研究，並結合自身知識量進行分析與實踐，你在管理上的決策就會更有說服力。收集資訊的管道很多，就看你是有心還是無心。比如很多資訊的主要來源在媒體、人際交往等方面——偶然翻看雜誌和報紙的時候，就有可能看到一個商業資訊；某日參加同學會的時候，有可能在聊天中得知老同學的公司正要購買一批設備等等，這些都是資訊——掌握資訊資源同樣也是一種學習。掌握的資訊越多，你的知識越豐富；你的知識越豐富，你的修養魅力越高。

3 保持迎難而上的精神。任何企業的管理工作都有輕有重。根據能力分析，老闆在分工中往往會把較重的擔子分配給優秀中層去挑。如果你能在眾人都在擇輕避重的情況下自願挑起艱巨任務的重擔，老闆一定會十分賞識你。此外，一般企業經常有一些無法明確劃分到部門或個人的突發事件，而這些事情往往還是比較緊急或重要的，如果你能從維護公司利益的角度出發，並向老闆毛遂自薦，要處理這類「苦差事」，就能讓老闆留下一個好印象。

法國企業阿爾卡特公司董事會邀請五十七歲的杜魯克擔任該公司執行長。杜魯克初來乍到，就面臨一個積重難緩的問題：這家擁有一千兩百家分公司的「大雜燴」型企業更像一桶無所不及的「萬金油」！可嘆的是，這桶「萬金油」卻年續數年無所作為，他剛上任的第一年，阿爾卡特就創下了歷史上虧損六十億美元的最高紀錄。

這些並沒有讓杜魯克退卻。他充分且合理的運用公司賦予他的執行長職責，大刀闊斧的對公司動起了手術。首先，經過與諸多電信科學家及業內人士的接觸，僅在六個月之內，他就將阿爾卡特未來的發展方向確定在其基礎行業——電信技術領域。杜魯克還注意到美國的資料服務市場正在顯著擴容，而歐洲企業的私營化更使得歐洲大陸的電信市場即將迎來一個鼎盛的發展時期。因此，他對挽救阿爾卡特起死回生充滿了信心。

4 主動延長工作時間。在過去，很多人會對主動延長工作時間的人冷言冷語，而在競爭無處不在的時代，各企業都在指望提高工作效率，有些連接性較強的事務不透過延長時間是很難完成的。在這樣情況下，誰能主動延長工作時間，就有機會受到老闆重用。如果你不僅要將本職的事務性工作處理得井井有條，還要應付其他突發事件，還要去思考部門及公司的發展規劃。有大量的事情不是在上班時間出現，也不是在上班時間可以解決的，需要你根據公司的需求隨時為公司工作，而這些都需要你延長工作時間。根據不同的事情，超額工作的方式也有不同。如為了完成一個企劃，可以在公司加班；為了理清管理思路，可以在週末看書和思考；為了獲取資訊，可以在業餘時間與朋友聯絡。

現在可以肯定的說，在巴爾默出任執行長的四年裡，他帶領微軟避開了IT業的大蕭條。巴爾默組織和管理公司的方法，可以說為微軟帶來了有史以來意義最深遠的改革。在他的調整下，微軟已開始表現得像個成熟企業，不再是自由散漫而亂哄哄的高智商人士的集會了。即使在IT業的其他企業都在萎縮的時候，微軟仍繼續成長，保持了超過百分之三十五的驚人營運利潤率，坐擁現金五百六十億美元。更重要的是，微軟在整體上變得越來越富有創造力。

5 熱愛本企業及本企業產品。無論你所服務的企業生產什麼樣的產品，愛你的企業以及愛企業所生產的產品，定能增強企業對你的信任。所以，你應該利用任何機會，極盡所能的表現出自己對企業及其產品的興趣和熱愛。只要你真心熱愛企業，並真心熱愛企業的產品，無形之間，你就是企業乃至企業產品的義務宣傳員。當你向別人傳播你對公司的興趣和熱愛時，別人也會從你身上體會到你的自信及對企業的信心。沒有人喜歡與悲觀厭世的人打交道，同樣，老闆也不願讓對企業的發展悲觀失望或無動於衷的人擔任企業管理層的重要工作。

6 不在工作時間閒聊。也許你剛聽到一件很有趣的事，也許你剛知道一則十分有價值的新聞，也許你此刻心情不是很好需要宣洩，也許你工作累了很需要放鬆一刻……這些都可能使你忍不住「有話」要和身邊的同事談一談，但你一定要注意，老闆最忌諱的正是員工在工作時間談論與工作無關的事。即使你認為自己的工作效率已經達標，你的任務早已完成，但在企業老闆可能不是很清楚這些情況的前提下，你難免會受委屈。在人們的印象中，在工作時間閒聊是很懶散或很不重視工作的行為，而且還會影響他人的工作效率。所以你在工作時間找人閒聊只會引起老闆的反感。除此之外，你也不要做其他與工作無關的事情，如聽音樂、看報紙等等。如果你完成任務後實在無事可做，不妨看看本專業的相關書籍，查找一下最新專業資料等。這些不但能提升你的知識量，還會因為你的好學，對管理工作起到高效能的作用。

勇於突破「夾縫」

每一人都有頂頭上司。企業裡的中階主管歸誰管？當然是老闆來管。中階主管則不像老闆那樣「抓大放小」，他的職位要求他必須瞻前顧後什麼都要管。中階主如何使老闆滿意？一是業績；二是要學會與老闆相處。

某公司剛買一輛HOND A，總裁要求將車座換成真皮的，董事長則囑咐一定要在端午連假前將牌照等事宜處理完畢，連假期間就可使用。行政主管詩涵自是不敢怠慢，先是聯絡汽車廠家郵寄皮樣，廠家郵來黑色及米色兩種顏色，拿去問總裁和董事長，兩位大手一揮：「這點事情你們作主好了。」詩涵立即請教車隊隊長的意見，兩人一商量，採用兩種顏色拼接的方法，訊息回饋給廠家，不久，車內真皮座椅換好，只等兩位上司的「檢閱」了。

董事長看了搖搖頭，沒說話就走開了；總裁一看，眉頭皺起來：「誰作主換的顏色啊？」行政部一班人大氣不敢出，總裁眼睛望向詩涵：「難道你們女孩子穿衣都一塊塊的拼接著？」第二天，詩涵拿著帳單到總裁那裡簽字，總裁自是不允。又到董事長那裡，董事長說忙著開會，要總裁看就可以了。

帳單一擱就是一週，廠家又一直催款，詩涵在中間苦不堪言。

誰都知道，和老闆相處可不是一件輕鬆的事。中階主管和老闆相處，絕不僅僅是一個人際關係的問題，而是關係到中階主管「安身立命」的大問題。如果和老闆相處不好，別說中階主管位置保不住，恐怕連職業飯碗都可能被砸碎。那麼，和老闆相處該注意哪些竅門呢？以下四種方法，或許能幫你找到答案。

1 要和老闆形成良性的相處，你必須先摸透對方的脾氣，掌控好火候。如果你能摸透老闆的脾氣，每次進諫就能令老闆滿意。稱職的中階主管是精通企業任何程序操作的全方位人才。你的才華不但要得到老闆的認可，而且還要得到下屬的認可。不要只滿足於做好自己的分內事，還應該在其他方面施展自己的能力，這樣才能有效提升自己的「價值」。如果你能夠幫助老闆發揮其專業水準，提高工作效率，就更能得到老闆賞識了。

2 讓你的老闆知道你的才能就顯得非常重要。如今各企業都在講求效率，身為企業的中階主管，如果你做事謹小慎微，效率緩慢，無論你心地如何好，工作態度如何認真，老闆也照樣把你看成無能者。所以對於老闆交付的任務，不僅要一絲不苟的對待，更要乾脆果斷的圓滿完成。有人說，行動是最有力的說服力，只有你做出真實的成績，才能讓老闆認為你是一個不可缺少的人。大多數老闆下達指示都很簡練，於是企業的中階主管必須心領神會老闆的各種意圖，並在最短的時間內做出相應的反應。稱職的中階主管應該也是以精明果斷、能力不凡而得到老闆好感的人才。

3 中階主管在工作上不可能事事都稱心如意，偶爾出現一些差錯是難免的。對於自己的錯誤，在受到老闆批評時，需要表現誠懇的態度，虛心接受批評，以便改進工作方法。接受批評能展現對老闆的尊重，表示你理解老闆。有時，老闆的批評不一定正確，但其錯誤的批評可能也有你可接受的出發點，如果你能妥當處理，反而能成為對你有利的因素。與其在那裡怨天尤人，不如學會化委屈為動力，因為還有比委屈更為重要的事，比如你在主管職位上還要仰賴老闆生存和發展。假如你對老闆的批評耿耿於懷，在背後發牢騷、講閒話，那麼老闆會認為你是批評不得、用不得、相處不得、提拔不得的人。這種做法產生的負面效應，會直接導致你和老闆之間的感情距離拉遠，甚至關係日益惡化。誠然，當你在公開場合受到老闆不公正的批評或錯誤的指責時，心理上是難以接受的，由此產生思想上的波動也在所難免，但如果你當面頂撞的話，就只會使事態越來越糟糕。最好的方法是先受點委屈，等事後再找老闆耐心解釋。解釋緣由時要慎重，擇重解釋，要本著「點到為止」的原則，切不可糾纏於細枝末節，只要在大的方面解釋清楚了，老闆明白了，就不必喋喋不休向老闆解釋每個問題的每個細節。此外，雖然被批評在情感上、自尊心上會受到一定影響，但你千萬不要因此而情緒低落，你既身為主管，就必須具備逆境中求生存的素養，如果老闆給你一點點小風浪就心理失衡，就要怨天尤人，或一蹶不振，你還怎麼與老闆相處呢？

4

保持謙遜是中階主管必備的。謙遜的最佳形式是虛心向老闆請教。虛心請教不但能獲取老闆的好感，而且也可以提升你的辦事能力。一般有責任感的老闆，都很希望他的部下遇到問題時能主動前來詢問。助手向他請教，說明他在工作中盡心盡力，而老闆在針對問題給予回答後，也能使企業的管理工作減少失誤。如果你經常向他請教，他便會為你的這種行為而感到驕傲，覺得你瞧得起他，把他當做真正值得信任的老闆。主動請教老闆是運用智慧尋找解決問題的最佳方式。老闆能悉心指導你，從某種意義上講他已經認同了你和他之間的合作關係。

這就更為你自己創造了一個良好的工作空間。

中階主管的地位雖然在基層之上，但這並不意味著你可以任意欺壓下屬。和下屬相處，說到底就是要學會和下屬交朋友。

一般而言，企業下屬對上司做出的評價，在很大程度上並非根據客觀事實，而是根據他們主觀感覺到的「事實」，並且受到他們自身的性格、背景、學歷、經歷、期望等因素的影響。絕大多數企業的下屬都喜歡自己上司的行為與其個性一致，讓大家能看到他真實、本色的一面。

身為企業的中階主管，更應該注重下屬的真實感受和主觀經驗。因為本質上你是一個什麼樣的上司並不重要，重要的是下屬普遍認為你是一個出色的上司。

有了這些簡扼的理論基礎，我們就可以把企業主管應該如何與下屬相處問題做出如下幾點歸納：

1　有一些主管習慣把自己的主要精力集中在如何與自己上司相處的技巧上，而對於那些職位比自己低微的下屬，哪怕有一點小差錯都會肆意責罵——這無疑是最讓下屬失望的管理者——他們根本不會考慮下屬的感受，動輒發號施令，把自己心中的悶氣全然發洩在下屬的身上。如果這種習慣發生在企業主管身上，那就不得了了。因為這勢必會形成某種程度上的心理抗拒，心理抗拒又會演變成互相的敵意。因為彼此有敵意，就會導致誤解、怠工、懶散等現象。如果你能體諒下屬，融入下屬，並樂意幫助下屬解決一些較煩瑣、較困難的工作，下屬必然感激不盡，並對你更忠心。所以，主管應該視下屬如知己良朋，而不是自己的奴僕，時時徵詢對方的意見，力求消除隔閡，不過分強調企業的各種規定，不對下屬造成太大的心理壓力。

2

下屬對自己的頂頭上司先有牴觸之感實屬正常。一般人會認為上司都愛擺架子，不宜接近；也有人會以異樣眼光看你，那眼光充滿著誠惶誠恐、疑慮、期待……你得設法減少與下屬之間的這種無形的隔膜，例如參加他們的聚會，甚至由你主動辦聚會，顯示你的親和力。總之，你既要保持自己的尊嚴，又要尊重下屬，使得整個企業在你的帶領下顯得嚴肅而活潑，這樣，你就能和下屬成為朋友。應該說，主管擺架子不擺架子，關鍵在於分寸。權力並不是萬能鑰匙，不用擺什麼架子，大家也知道你是上層管理者，威信比權力更重要，放棄手中的權力，把精力放在建立威信上。有了威信，大家才能信服你。你所做出的決定，才會得到大家的擁護。

獨當一面

中層是企業經營管理中的中堅力量，他們對上肩負著執行決策、完成資源使用、預期投資報酬、確保達成企業經營管理計畫指標的重擔；對下承擔著調度、使用和管理人力資源的責任，其業績的優劣，直接影響著一個企業經營管理的水準與成效。

在任何一個企業裡，中階主管是擔負著獨當一面的中堅力量，兼有主管者和下屬的雙重身分。現在對企業中層的作用已經有了比較高的評價，其重要性已經顯而易見。

米老鼠的發明者之一華特．迪士尼作為迪士尼公司的創建者，已經成為公司的精神領袖。勇於承擔風險的華特具有非凡的想像力，而且有能力讓他的手下發揮原來未曾開掘出的潛力。他還是一個非常平易近人的中階主管。在片廠裡，他堅持讓員工直接稱呼他「華特」，他供給繪畫師最好的設備和材料，不硬性規定他們的工作時間，盡量營造一個支持他們、鼓勵他們，但毫不鬆懈的創作環境。

迪士尼的分工是很合理的，根據業務性質的不同，分解成許許多多的小企業。一幫富有才華的工作者把工作做得非常好，而華特則明智的評價成果，發掘好點子，終結不恰當的做法。公司的音樂指揮是個奇才，他的耳朵能精細分辨出細小的錯誤，即使是錄製一隻溼漉漉的小獵犬踏上一條價格昂貴的鬆軟地毯的聲音，他都能聽得出錯誤和不妥之處來。華特則沒有受過正規的音樂訓練，也不大懂得欣賞音樂。華特的工作屬於監督性質，負責認可和肯定一流的工作成績。

華特顯現了天才企業的老闆的一項特質：他不會事必躬親，也不會打岔部下解決困難和問題的過程，而是在手下和專家已經解決了大部分的問題時才介入其中，以肯定他們的工作，或要求他們把工作做得更完美。明智的做法讓手下的人才產生了自主感，潛力得到了最充分的發揮。正是透過這一做法，他自己也才會有時間去做一些啟發靈感、溝通、協調和鼓舞士氣的工作。

他對員工說：「不要來找我要答案，我只要你們來徵求我的同意。」

一個美國加州藝術學院的中階主管說：「華特是個真正的藝術家，但他需要其他人來表達他的想像、思維和概念。華特需要手下的人才，就如同畫家需要顏料一樣。華特完全相信自己的直覺，他走進一個工作間，看到的或者是喜歡，或者是不喜歡。如果華特不喜歡，那麼這項工作就得重新做過。華特具有改進員工成績的天賦，即使是最有天分和才氣的員工也會接受他的意見；這不只是因為他是管理者，而是因為他的建議幾乎每一次都是對的。」

華特總有辦法讓手下的員工把希望和工作標準維持在最高點。員工可以忙上整整八個小時。當一天的工作結束時，員工審視自己的成果，結果把它們扔進了垃圾桶，卻沒有一絲遺憾和不安，也沒有人會來責怪他一天都沒有工作成效。如果沒有這樣的反覆和否定自己的工作過程，反而會有人奇怪，因為迪士尼所創造出的藝術形象，都是在這樣的反覆和否定的基礎上產生的。

迪士尼電影製片廠是一個很艱苦的工作場所。華特是員工不斷追求技術新境界的驅動力，最重要的是，有才華的人可以在這裡完成自己的夢想，並有一種與眾多傑出人物並肩工作的自豪感。

成功的中層是能夠影響別人，使別人追隨自己並且成為公司獨當一面的人物，他能使別人加入跟他一起做。他鼓舞著周圍的人協助他朝著自己的理想、目標和成就邁進。

劉邦和項羽的交戰，剛開始都是項羽贏、劉邦輸。可這都是過程，最終的結果是劉邦開創了大漢幾百年的基業，項羽卻自刎垓下。

兩人手下都有一支實力相當的企業，論戰鬥力，項羽的企業還要稍高於劉邦的企業，為什麼最終是劉邦贏？縱觀項羽短暫的一生，他對於或興或亡的結果，似乎從未特別留意過。事實上，項羽自始至終對於結局怎樣確實是毫不關心的。項羽滅秦國、做諸侯統帥完全是順勢率性而為，無意而得之，這與劉邦刻意先入關破秦搶王形成鮮明對照。如果說項羽有稱王的念頭，憑他的能力完全可以搶在劉邦之前入關，他之所以北上與秦軍主力決戰，根本不關心「誰先入關誰做關中王」的約定，就因為他本是一個只重過程而不重結果的人。

而劉邦是一個重視結果的人。比如，項羽自立為西楚霸王後，為扼制劉邦，他故意將劉邦封為漢王，並把劉邦打發到條件惡劣的巴蜀地區去。一開始，劉邦勃然大怒，要攻打項羽。在蕭何等人的規勸下，劉邦決定接受現實，等待時機。

正是具有這種以結果為導向的思維方式，劉邦才能夠忍辱負重，最終打敗了項羽，建立千秋功業。

得到自己想要的結果，就是中階主管有效工作的基本表現。值得注意的是，中層期望的結果不應該只是按要求完成工作，還應該包括更多的內容，比如下屬對工作的滿意度、他們的能力提升大小、客戶滿意度等。也就是說，期望的結果應該是平衡的、共贏的，而且是符合整體策略的。更進一步來講，中層期望的結果還應該是可持續的、支持全局的，且企業、客戶都獲得了成功，只有達到這樣的結果，才能證明中階主管具備了有效的工作能力。

所以，一個中階主管如果只是完成了自己的任務，而沒有配合好其他的企業，實現公司的整體策略，那麼從整個公司的角度來講，這個企業的成果就被抵消為零了。因此，如何達成企業與公司的目標，使整體策略結果大於各企業的戰術結果之和，為展現中層是否具有獨當一面能力的最好證明。

企業的骨幹就應該這樣做

松下幸之助有句名言：「如果你有智慧，請奉獻你的智慧；如果你沒有智慧，請奉獻你的汗水；如果兩者你都沒有，就請你離開公司。」從我們這句話中，可以看出什麼是老闆最看重的能力，什麼是中層發展的關鍵。那就是智慧！

智慧型的中階主管是企業和老闆最看重、最需要的。或許有的中階主管會問：「難道勤勞苦幹就不被老闆看好嗎？」當然不是。勤奮的下屬到哪裡都會被老闆看好，而踏實勤奮也是一個好中層的基本素養。但是，能夠被老闆重視、欣賞的下屬，必然是智慧型的。他們超越了汗水型幹部，成為智慧型的中層。

在經濟飛速發展的當今，「老黃牛」式的汗水型中層，已遠遠跟不上組織的需求了。組織最需要的是超越汗水型的智慧型中層。所以，如果你還是只管埋頭做事、不知低頭思考的話，你的前途也就只能是「數十年如一日」，很難有更大的發展。最好的中層是智慧型中層。他們絕不會「死做事」，而是懂得如何運用智慧解決問題。無論是面對上級派下的難題，還是下級呈上來的困難，他們都能夠運用自己的智慧，使之迎刃而解。他們屬於機敏、能幹的那一類人。或許一些中層幹部會問：「難道不需要踏實勤懇的工作，憑藉投機取巧就可以成功？」顯然不是。運用智慧和投機取巧是不能畫等號的。優秀的中層必然是勤奮的幹部，但是，在勤奮的基礎上加上智慧，才能成為真正一流的中層。我們發現，最好的中層總是有一些創意和智謀，來幫助他們走上成功的巔峰。這些創意和智謀，就是來自於他們不凡的智慧，而這些智慧則來自於他們對工作的認真思考。那麼怎樣才能成為一個智慧型的中層呢？

中階主管要有良好的職業素養，時刻想著如何解決問題，這就是良好的職業素養。智慧來自實踐，整天坐在辦公桌旁的中層，眼光只能局限在小範圍中，而好點子、好方法多是來源於工作現場。智慧有規律可循，針對不同的問題，會有不同的方法來解決。終生學習，一個善於學習的中層，才能夠擁有不竭的智慧之源。正如愛因斯坦所說：「智慧並不產生於學歷，而來自對知識終生不渝的追求。」只要把握以上幾點，超越汗水型中層、做智慧型中層就不再是難事。

用成績說話

文彬和政峰是某企業兩位非常優秀的中層。老闆想在兩人中間選一個任公司的副總，但一直拿不定主意。為考驗他們的能力，兩人分別擔任新建兩家地區分公司的經理。

文彬以人品好見長。他想，企業做大，首先必須有一支優秀的員工隊伍；有了優秀的員工隊伍，再加上先進的企業管理制度，所有員工都能各司其職，這樣，就可以推動企業朝著既定目標邁進。

政峰以能幹見長。他想，企業最終必須靠業績說話，而良好的業績首先必須有良好的銷售。於是，他透過分析客戶需求制定銷售計畫，又透過銷售結果分析客戶需求的變化，回饋總公司，使得總公司開發生產出更符合顧客需求的產品。他也設立了一套很好的獎勵制度，重賞當月為銷售做出重大貢獻的員工。

半年後，兩家新建公司的財務報表擺在總公司老闆面前：文彬公司的業績只有政峰公司的三分之一。文彬大惑不解：自己花了這麼多精力、金錢帶的隊伍，業績怎麼就不如政峰公司呢？

高效才是唯一的法則。文彬的根本錯誤在於忽略了創業階段賺錢才是目的的準則。先生存，後發展。創業時期是結果導向而非過程導向，希冀一開始就透過規範、完美的過程設計來達到賺錢的結果是不切實際的。在或者生存或者被淘汰的激烈競爭中，只有市場導向、客戶導向下的靈活應變才能掘得第一桶金，這才是最真實也是最現實的事情，其他都是美麗的謊言。不敢捅破烏托邦的窗戶紙，就只能像理想主義的骨幹一樣，迷失在所謂制度致勝的陷阱中無法自拔，結果可想而知。

對今天的企業來說，基本都處在創業的階段。在這個階段，業績導向是企業最大的目標。

「做夢都想盡快成為高級管理者。」如果你去問一問企業裡的普通中層，十個人裡有八個會這麼說，剩下的兩個是不稱職的。水往低處流，人往高處走。向上是人的自然追求。但身為企業中層，獲得這些待遇的前提是什麼？如何實現呢？在一個職業化社會裡，有兩個字很重要，叫做「高效」，也就是把事情做成，先把自己眼前的事做好。當李嘉誠開始在玩具製造公司當推銷員的時候，他首先想的肯定不是「我要成為亞洲首富」，而是想著如何把玩具推銷出去，把眼前的事情做成。比爾蓋茲在開發Windows時想的肯定不是要每分鐘收入六千六百五十九美元，而是讓電腦成為每個家庭和辦公室中最重要的工具。他把這件事情做成了，也成就了自己的微軟帝國。

是不是企業需要的中階主管，不要只聽他怎麼說，重要的是要看他怎麼做。現在，大部分企業都將績效考核作為公司的重要管理手段之一。這與軍隊把打勝仗作為衡量幹部的標準是一致的。

不論資歷不論學歷，只要能取得成績，就是一個好戰將。打勝仗才是無庸置疑的法則，這是建立一種績效優先的文化。對大多數人來說，工作中最好、最直接的回報有兩個：第一是增收；第二是升遷。

企業管理之父的杜拉克曾一針見血的告誡企業家：企業不是議會。那企業是什麼呢？企業是一些人以盈利為目的、按照一定章程組建的競爭性組織。世界上的組織有多種形式。企業、軍隊、學校，應該都屬於競爭性組織。既然是一個競爭性組織，那麼效率便成為這個組織生存的基礎。因為，效率產生效益。

志堅在一家大型會展公司擔任企劃，向公司遞交了八月份一個大型活動的企劃書，可是因為種種原因，該活動未能完成。九月份的時候，公司老闆找他談話，委婉讓他走人。他向老闆解釋說他是有能力完成這個任務的，只是因為這個月有特殊狀況，懇請老闆再給他兩個月時間。老闆的回答更為絕妙：「我也知道你有這個能力，可是你不能按時完成你的任務，這有什麼辦法？你說你十年後有當美國總統的能力，我也相信，可是我會等你十年嗎？不會。」

即使公司真的相信你就是十年之後的總統，那麼它會一直養著你嗎？不會。沒有公司願意花時間去培養一個虛無縹緲的未來總統，公司需要的是現在就能為它做事的人，能夠即時出高效率的中階主管。

通用公司前董事長傑克．威爾許談到職場晉升問題時說，在職業旅程中，未必每次晉升機會都能夠如願，然而如果你堅持自己的職位，最終達到目的地的時間就會比你期望的還早。最重要的是要交出動人的、遠遠超出預期的業績；在機遇來臨的時候，要勇於把自己的工作責任擴展到預期的範圍之外。

中層要想在某一個位置上保持優勢並得到認可，創造更大輝煌，就必須在這個位置上做出更多的業績。當你成為企業裡所有中階主管的佼佼者時，你會更輕易的獲得比其他人更大的收益。

學會獨立思考

任何一個高明的企業老闆，都不希望公司的中階主管是一個只會順從、不會獨立思考的人。有一個小故事很生動的說明了這一點。

雖然人們對「東北王」張作霖有很多不同的評價，但不可否認，他是一個極其有領導才華的人。就是這樣一個很懂得領導藝術的人，有一天卻突然把一位祕書長辭退了。這位祕書長跟在張作霖身邊八年，兢兢業業，從沒犯過半點錯誤。可就是這樣的一位中階主管，卻被張作霖辭退了。對此，很多人都不明白為什麼。張作霖的回答是：「我身為領導者，希望別人給我提出不同的意見。而他身為祕書，八年中來從沒有向我提出一條與我的見解不同的意見，我留著他做什麼？難道你不覺得，一個我說什麼他都同意的人很可怕嗎？」由此可見，領導人並非只喜歡一味聽話、順從的下屬，他們更希望自己的下屬有膽識謀略，能幫他們分擔更多的責任。

敬業是可貴的，但沒有獨立思考能力卻是要不得的。它包含著兩層意思：一是沒有能力，無法獨立行事；二是沒有原則，永遠都無條件的服從權威，即使是權威出錯的時候。不管是哪一種愚忠，結果都是害了群體，更害了自己。

每位中階主管都應該正確認知「敬業」，到底我們要「敬」什麼？很多中階主管都有一個誤區，認為「敬」就是忠於上司，這個觀念大錯特錯。一流的中階主管不是忠於老闆，而是忠於企業。從企業目標出發，只做有利於企業的事。這樣一來，就可避免一味順從老闆所帶來的危害。當上司的決策出現失誤或偏差時，中階主管應當站出來指出癥結，為老闆和企業保駕護航。這才是一流中階主管的所為。

孟嘗君被稱為「戰國四公子」之一，他在家中招攬了很多門客來為自己做事。其中有一個叫馮諼的人，就是一個敬業但又會思考的中層。有一次，孟嘗君派馮諼去自己的封地薛城收債。馮諼臨走的時候問孟嘗君：「回來的時候，要買點什麼東西？」孟嘗君說：「你看這裡需要什麼，就買什麼回來吧。」馮諼到了薛城，把欠債的老百姓都召集過來，叫他們把債券拿出來核對，老百姓正在擔心還不出這些債時，馮諼卻對百姓說：「孟嘗君讓我轉告大家，還不了的，一概免了。」接著，他點起一把火，把債券全都燒掉了。當馮諼回去見到孟嘗君，把事情的經過告訴他時，孟嘗君十分生氣：「你把債券都燒了，我那些錢怎麼辦？」馮諼不慌不忙的說：「我臨走的時候，您不是說這裡缺什麼就買什麼嗎？我覺得您這裡別的都不缺，就是缺少老百姓的情義，因此我把情義買回來了。」孟嘗君聽了還是很不高興，但也沒有再說什麼。

後來，在官場遇到挫折孟嘗君被迫回到自己的封地薛城。當孟嘗君的馬車離薛城還有一百里地的時候，孟嘗君就看見薛城的老百姓，扶老攜幼，在大道兩旁迎接。原來，當初馮諼一把火燒了薛城百姓的債券，老百姓都十分感謝孟嘗君。因此一聽說孟嘗君要來薛城，都趕來迎接。孟嘗君見此非常感動，對馮諼說：「你過去替我買的情義，我今天才看到了。」

試想一下，如果當初馮諼聽從了孟嘗君的命令，把債全部收回來了，這樣雖然孟嘗君得到了短期的利益，可是絕不會得到百姓的擁戴。在當時，馮諼的做法看似對老闆有所違背，卻是真正的忠於老闆。古人尚且如此，更何況今天的中階主管呢？每一位中階主管都應像馮諼一樣，做到正確的獨立思考。

看到這裡，很多中階主管心中可能還會有一些顧慮：說了也沒用，還擔心人家說自己出風頭，怕上司對自己有意見……其實大可不必有這樣的顧慮，你不說上司怎麼會知道你的意見？你又怎麼知道你的意見沒有用？關鍵是怎麼說、什麼時候說，時間、地點和方式都是中層需要把握的。在此，我們有三點建議：首先，避免當眾提出反對意見，在任何情況下，我們都要維護上司的面子，因為那相當於維護組織形象。不當眾提出反對意見，既不會讓上司下不了台，也會讓自己的意見更容易被上司接受。第二，選擇私下當面溝通，私下面對面的直接溝通，除了可以運用語言藝術外，還可以運用表情、肢體語言來清晰完整的表達自己的意思，更可以看到上司的反應和臉部表情，以便及時調整自己的講話方式。第三，透過電話、電子郵件、LINE 等間接溝通，如果面對面的直接溝通對你來說還存在著一定的壓力，那麼選擇透過電話、電子郵件、LINE 等間接溝通也是不錯的方法。

只要我們注意了以上三點，就可以擺脫一味順從的狀態，從一個只會說「是」的應聲蟲轉變為一個能真正獨立思考的一流中階主管。

勇當下屬學習的標竿

中階主管是企業的領頭羊，他的工作能力、行為方式、思維方法甚至喜好都會對企業成員產生莫大的影響。身為中階主管，一定要勇當下屬學習的標竿。

中階主管是一個企業的先鋒，也是員工體會公司文化和價值觀的第一個接觸點，自己本身的工作能力、行為方式、思維方法甚至喜好都會對企業成員產生莫大的影響。管理者要想管好員工，就必須以身作則，嚴格要求自己。一旦在員工心中樹立起威望，就會上下同心，大大提高企業的整體戰鬥力。得人心者得天下，做員工敬佩的主管將使管理工作事半功倍。

ＩＢＭ公司老闆托馬斯．Ｊ．華生有一天帶著客人去參觀廠房，走到廠門時，被警衛攔住：「對不起先生，您不能進去，我們ＩＢＭ的廠區識別牌是淺藍色的，行政大樓工作人員的識別牌是粉紅色的，您戴的識別牌是不能進入廠區的。」董事長助理彼特對警衛叫道：「這是我們的大老闆，陪重要的客人參觀。」警衛人員回答：「這是公司的規定，必須按規定辦事！」結果，托馬斯笑著說：「他說的對，快把識別牌換一下。」所有人很快就換了識別牌。

不得不說，中階主管的影響力遠勝過權力。中階主管首先要理解企業的價值導向，使自己成為企業的代言人，正如ＩＢＭ所有的管理層都被染成「深藍色」一樣，這樣才能夠將組織的要求傳遞給員工，在不斷的效仿、強化過程中形成一支步調一致的隊伍。

中階主管很多時候都是在行使一種職責，即設法讓員工為既定的目標努力，並高效的實現。如果說傳統意義的中層主要依靠權力，那麼現代則更多是依靠其內在的影響力。一個成功的中階主管能夠憑藉自身的威望和才智，把其他成員吸引到自己周圍，取得別人信任，引導和影響別人來完成組織目標，並且使企業取得良好績效。

中階主管的影響力成為衡量工作能力的重要標誌。一個擁有充分影響力的中階主管，可以在主管職位上指揮自如、得心應手，帶領員工取得良好的成績；相反，一個影響力很弱的中層，過分依靠命令和權力，是不可能在企業中樹立真正的威信和發揮滿意的領導效能的。從這個意義上說，中層個人的影響力，或者說能夠讓別人按照既定方向前進的能力就顯得至關重要。對於超負荷工作的中階主管而言，對員工施加影響，可以達成共同的目標，不會再有喋喋不休的爭論，任務不會在執行中走樣，每個人都樂意聽從組織的安排。這樣的局面是他們所追求的。影響力這種潛在的無形力量，可以讓大家在潛移默化中凝聚在一起。

當員工因工作方式各不相同而無法達成一致時，當公司推行的改革措施受到員工排斥時，當你的意志無法被準確傳遞與執行時，當某些不利的情況發生時，你需要運用你的影響力，讓這些阻力消弭於無形當中。隨著經濟的發展，企業將越來越依賴於技能高超、思想獨立、思維靈活的知識型工作者，現代管理中那些模式化的方法往往並不靈驗，重要的恰恰是中階主管的影響力。

對於影響力的定義，很多管理大師都做過一些解釋：這是影響人們心甘情願和滿懷熱情的為達成群體目標而努力的一種強大力量。理想的情況是，應當鼓勵人們不僅要提高工作的自願程度，而且情願以滿腔熱忱和信心來工作。中層並不是站在群體的後面，而是置身於群體之前，帶動群體前進，鼓勵群體為達成組織目標而努力。美國著名管理學家柯維也有同樣的觀點，他說：「中層的才能就是影響力，真正的中階主管是能夠影響別人，使別人追隨自己的人物。」一個以身作則的中層要克制自己的衝動，培養自己的前瞻性、控制力和對他人的耐性。要以身作則，為下屬樹立榜樣，用榜樣來影響他人。要尊重他人，不要傷害別人的自尊心，要協助別人建立內在的價值和自尊。

然而，有調查顯示，百分之七十六的中階主管在其管理的隊伍裡都不甚得人心，很少有人支持。

由此看來，並不是你成為企業的中層，你的影響力就會應運而生。這就要求中層必須具備多種能力，才能夠讓自身散發出令人折服的魅力。這些能力包括：有效並以負責的態度運用權力的能力；對員工在不同時間和不同情景下採取不同獎勵措施的能力；透過某種活動方式形成一種有利的氣氛，以此激勵員工並使員工響應的能力。

還要考慮的一點就是，在很多時候，員工有著自己的思維方式和解決問題的方法，雖然你認為這樣的做法有很多需要改進的地方，但他本人卻相當執著。讓員工站在組織層面去思考一些問題的確有些困難，例如這個訂單只要公司能再給一點折扣就可以了，可為何不能？你需要幫助他走出某些誤區，從不同的角度看待問題，甚至為了讓他變成一個更值得委以重任的職業人，你還需要幫助他養成某些優良的職業素養。那麼，你如何改變對方呢？

有些人認為，影響力是為了讓別人去做我們想要他們做的事情，但卻總是事與願違。那是因為每個人都希望被尊重和重視，最重要的就是別人要尊重和重視自己的思維方式，沒有人願意做一個完全沒有思想的聽從者，換句話說，影響一定是雙向的，如果你想成為有影響力的人，你應當以開放的心態與你的員工溝通，對於他們說的話，不能左耳朵進右耳朵出，要真正聽到心裡去。

首先，中階主管要找到他們的邏輯思維方式。每個人都有自己的邏輯，如果你追溯人們行為的後果，問自己為什麼有人會那麼做——為什麼同樣是獲取一個新客戶，有的人願意直接拜訪，而有的人總是側面迂回——你就會找到支持他們做出那種行為的理由，那就是他們思考問題的邏輯。要想成功施加影響，就要走進他們的思維，就要有思想的交流，否則就是你講你的，他想他的，你的影響就如石沉大海，收不到任何回饋。

其次，中階主管要設法找到共同的目標，只有在共同目標下，才有共同的利益出發點。如果我們能夠透過與他人的關係來滿足自己的需求，那一定是因為我們和他人有著共同的目標。而有時很不幸，只有在一方已經改變主意，而另一方還抱著舊想法不放時，我們才會意識到雙方曾經的共同目標是什麼，而此時它已經不復存在了。

在企業管理學中有一個概念——心靈契約，指的是在員工和其組織之間所進行的沒有被說出來的交流。有這麼一個公司，氛圍很輕鬆，很少辭退員工，保障和福利措施很完善，大家經常會聚在休息室裡交談，在這裡工作的員工頗有安全感，即便薪資相對低一點，大家也不介意。而當一位中階主管實施改革，對員工加強控制時，員工就覺得自己好像是在超市中被少找錢一樣。由於從未有人清楚意識到自己與公司之間曾存在一種安全的心靈契約，人們把不滿都集中在低薪資上——而這在以前根本不是問題，現在也不能算是問題，卻在某種程度上成為人們發洩不滿的藉口。

亮出你的威信

身為企業的中階主管，要有效實現其管理效能，不僅要有權力，而且要有威信。威信是中階主管表現出來的品格、才能、學識、情感等對員工所產生的一種非權力影響力。人們常常把中階主管的威信視為「無言的號召，無聲的命令」。中層要想成功的管理部門，必須具備威信。

威信是中層開展工作必備的一種內在力量，威信高的中階主管必定具有堅實的員工基礎，開展工作便會如魚得水，有呼即有應。反之，威信不高的中層開展工作便會時不時遇到下屬的阻力與壓力。有一位頗有見地的中階主管在研討會上說：「在企業管理中，眾所皆知的成功中階主管，無一例外都具有特別的人格特質，他們處處展現出成功者的風範。他們不但能激發下屬的工作意願，又具有高超的溝通能力，他渾身散發出熱情引人的力量，尤其重要的是，他帶領企業屢創佳績，擁有一連串傲人的輝煌成就。運用獎賞力與強制力來管理也許有效，但是如果你要提高自己的威信，贏得眾人的尊重和喜愛，我建議你們盡最大的努力影響和爭取下屬的心。假如你們之一誰能做到這點，誰就能成為一位成功的中層，甚至完成許多原本不可能完成的任務。」

成功的中階主管都十分珍惜在下屬中的威信，他們注重保持與員工的密切聯繫，注重樹立良好的自身形象，練就高尚的人格力量，形成獨特的領導風格。他們有的樂於律己，嚴於律人；有的雷厲風行，作風過硬；有的銳意進取，勇為人先。凡此種種，中階主管樹立威信的方式方法、風格特點各有不同。

沒有威信的中階主管是非常不稱職的管理者。因為普通員工只要做好自己的事就行了，不用借助威信去帶領別人做什麼。中階主管不然，威不立就不可能有任何作為。有人用「中層等於實力加上威信」來概括中階主管的特徵，突出了實力與威信是構成中層能力的要素。許多人總是強調中層的能力比什麼都重要，其實未必盡然。要成為一個優秀的中層，除了擁有超群的實力外，還需要威信。

成功的中階主管，是因為他具有百分之九十九的個人威信和百分之一的權力行使。一個人之所以為公司賣力工作，絕大多數的原因是上司擁有個人威信，如磁鐵般征服了大家的心，鼓勵大家勇往直前。那麼，中階主管如何樹立自己的威信呢？

1 征服功臣

在一個企業裡面，往往有一些工作經驗、見多識廣的功臣，他們通常有比較穩定的人際關係，甚至身邊還聚集著一群擁戴者。他往往由於年齡偏大而熱情減退，難免因循守舊和應變能力差而陷入經驗主義的惡性循環。因此，他既聽不進去別人的看法，也不善於培養學習和充電意識，更不屑讓一個年紀輕輕的中層來管理自己。所以，他們很可能擺出一副鄙視你的態度，而其他的員工也唯他們馬首是瞻，所以要想服眾，請先從征服功臣開始。

征服功臣的方法非常簡單。一方面功臣往往自恃經驗豐富，所以你不妨為他戴戴高帽子，滿足他的虛榮感。另一方面，他們往往認為你是外來人，有牴觸情緒，你不妨和他來個「推心置腹」的交流，用溝通的方式打消他的敵視，由此二招擺平這些功臣足矣。

逸信是一位新上任的部門經理，對新的職位充滿著無限的憧憬和抱負。但由於逸信的資歷不深，現在的地位凌駕於一些功臣之上，「搶」走了理應歸他們所有的地位。因此當他上任後，出現了下屬冷眼旁觀，甚至故意拆台的現象，一些功臣更是對他視若無人。

逸信深深感到：要想樹立好威信，首先要從取信於功臣開始。一日，逸信交給一位功臣制定月度計畫的任務，並要求兩天內完成，卻直到第三天都沒有交給他。逸信看到這位先生甚至在辦公室內和他人談笑風生，完全沒有趕計畫的意願。逸信覺得，是到該好好談談的時候了。下班後，逸信約了這位先生到茶館坐坐，逸信親自為他斟上了茶。在幽幽的茶香中，逸信先是大談從別人那聽到的關於這位先生的光輝業績，又是自嘆弗如，又是謙虛表示要向他取經，五分鐘後，這位功臣就有點不知天南地北了，對逸信的警惕性也消得差不多了。此後，逸信還和這位功臣談到自己的成長經歷，談到了自己的人生觀、價值觀，談到了自己的工作經歷，談到了在這個公司得到的幫助和自己的奮鬥經歷，以及對未來事業的種種憧憬等等。總之，逸信推心置腹的和他聊了很多。

第二天，逸信一到辦公室，就看到辦公桌上工工整整的擺著他交上來的月度計畫。看來，想征服功臣，一要「拍馬屁」，二要和他們溝通。溝通是為了理解，贏得他們的理解，也無疑贏得了更多下屬的心。而且，身為中階主管一定要積極聽取諸位功臣的意見，甚至有時可以將他們當做顧問，讓他們感到自己的資歷和意見備受「後生」重視。

2　展示執行的決心

執行力是一個非常重要的問題，中階主管立新規矩是必然要做的事。但不同的是，有的新規矩很快成為一紙空文，中階主管也很快威信掃地；也有的新規矩很快便深入人心，成為真正的標準。何以如此迥異?下面例子頗有獨到之處。

俊豪剛到公司不久，照例重新明確了部門的規章制度，並且做出了獎懲辦法，並照例要求「立即執行」。但俊豪已隱約感覺到，下屬並未真正意識到他要強化規章制度的決心，並且有看他笑話的意味。有一天，俊豪故意違反了自己剛定的新制度，事後馬上公開，並對自己的這一「錯誤」做出了懲罰。俊豪認為：必定要有犧牲者，才能有以儆效尤、前車之鑑的效果。一個制度的確立，並不能顯示出它的威懾力，只有在出現違規現象時堅決「依規懲處」，才能真正讓人信服。但拿誰開刀都會得罪下屬，尤其對於新上任的主管，那何不拿自己開刀？於是俊豪採取了這個辦法，果然起到了好效果，後來沒有人再敢「以身試法」了。

3 堅持原則

在一個企業，中階主管樹立威信是必要的，但威信並不是讓人懼怕，而是讓人自覺的信服。身為中層，你應該以溫和的態度和下屬接觸，但對於原則問題一定要秉公辦事。對於下屬，應該貫徹既嚴格又溫情的領導態度。比如下屬發生嚴重錯誤時，一定要根據規章予以處理，但之前一定會第一時間找下屬進行深談，既要批評錯誤，又要幫助他，盡可能了解下屬的需求，以防再發生類似事件。在交談中，更多是站在下屬的立場上，為他考慮和幫助他解決問題，而非一味批評，並貫徹「對事不對人」的原則。

第三章　高效能工作的標識

企業要想達成預期效能目標，就要把責任、任務與指標分配到各個職能部門，而需要把責任、任務與指標貫徹下去的就是中階主管。也就是說，每一個中階主管的工作品質關係到部門的工作效能，這會成為影響企業整體效能的關鍵性因素。

有效溝通第一

企業的執行力差、領導力不高方面的問題，歸根到底，都與溝通能力的欠缺有關。說到底，企業管理就是溝通的藝術，企業中有兩個數字可以很直觀的反映溝通在企業裡面的重要性，即兩個百分之七十：第一個百分之七十，是指實際上企業的管理者百分之七十的時間是用在溝通上。開會、談判、談話、做報告是最常見的溝通形式，撰寫報告實際上是一種書面溝通方式，對外各種拜訪、約見也都是溝通的表現形式，所以說他們有百分之七十的時間花在溝通上。第二個百分之七十，是指企業中百分之七十的問題是由於溝通障礙引起的。比如企業常見的效率低下問題，往往是由於上下級沒有溝通或不懂得溝通引起的。

溝通如此重要，使得中階主管對此不敢怠慢。溝通的目的就是消除誤會、交融思想、協調行動。因此，溝通的關鍵在「通」，沒有「通」，中層和下屬之間說太多也沒意義。溝通是在人與人之間的訊息交流，有著深刻的內涵和複雜的過程，中層要想在企業中如魚得水，建立良好的工作環境，就必須對溝通有個全面的認識。

中層的一大使命是管好員工，但如何才能管好呢？唯有在溝通的基礎上與員工達成默契，才能讓員工接受你的想法和安排。對於中階主管來說，有效與下屬進行溝通是非常關鍵的工作。任用、獎勵、授權等多項重要工作的順利展開，無不有賴於上下溝通順暢。良好的溝通還是中階主管與員工之間聯絡感情的有效途徑，溝通的好與壞直接影響著員工的使命感和積極性，同樣也直接影響著企業的經濟效益。只有保持順暢的溝通，中階主管才能及時聽取員工的意見，並及時解決上下層之間的矛盾，增強企業的凝聚力。

麥當勞老闆克洛克退休以後，公司的事業迅速壯大，員工數也越來越多，高層們忙於決策管理，一定程度上忽視了上下的溝通，致使美國麥當勞公司內部的勞資關係越來越緊張，以致爆發了勞工遊行示威，抗議薪資太低。示威活動對麥當勞公司的高級中層造成了很大的衝擊，令他們重新意識到加強上下溝通、提高員工使命感和積極性的重要性。

麥當勞針對員工中不斷成長的不滿情緒，經過研討形成了一整套緩解壓力的「溝通」和「鼓舞士氣」的制度。與服務員的溝通是極其重要的，它可以緩和管理者與被管理者之間的衝突，提高工作人員的積極性。而如果忽視了與員工的溝通——不管出於什麼理由——就會阻礙企業命脈的暢通，使企業不知不覺陷入麻痺，從而失去許多機能。

麥當勞意識到上下溝通的好與壞，直接影響公司的經濟效益。雖然麥當勞的「利益驅動」起了很大的刺激作用，但麥當勞內部最大的團結力完全不在於以金錢為後盾，而在於所有員工對麥當勞的忠誠度和對速食事業的使命感。忠誠度和使命感的來源則是麥當勞幾代高層領導體恤下情、與員工同甘苦的管理品質和管理水準，以及他們那難以抵擋的個人魅力。中層透過頻繁的走動管理，既獲得了豐富的管理資料，又與數百人形成了朋友關係，達到了很好的溝通效果。

對員工來說，每個人都具有這些方面的需求，所以身為中層，不妨多和他們聊聊，當然這種聊天式的溝通可以是比較隨意的：

1　中層要爭取每天多次的交流：你最好養成每天多打幾次招呼的習慣。不管你原本的性格是怎麼樣的，但是為了工作的順利開展，這樣的行動是必要的。千萬不要因為對此厭煩而放棄。沒有必要尋求特定的場合和時間，在走廊、電梯一角都可以，有時候僅僅是打上一句招呼就足夠了。如果一味想找專門的時間和場合，反而會與溝通的機會失之交臂。

2 發現問題要馬上著手解決：有時，中層透過聊天打招呼會發現問題，很多人最多是問問「你今天是怎麼了？」事實上，這是遠遠不夠的。下面這個中層的例子就足以說明這樣的失誤可能為以後的工作造成很大的麻煩。

有一天，楊經理發現有個員工顯得有點萎靡不振，與他談起新的工作計畫也好像有什麼事情欲言又止，楊經理雖然覺得有些納悶，但是一時之間，他也沒有細想什麼就和下屬道了再見。然而不久以後傳來消息，這個員工因為和另外一個員工有些摩擦，前者就選擇跳槽了，而他本來是一位很優秀的員工。

3 創造交流的機會：中層與一般員工打招呼只是日常生活極其普遍的行為，更要的是要理解其中包含的溝通的實質涵義。

三井物產在世界上擁有廣泛的影響力，它在公司內部實行一項制度，即「星期五下午茶」制度。每個星期五下午公司各個部門的員工都會聚集在各自的休息室裡喝茶。在這裡，喝茶是假，交流才是真正目的。每位員工在這樣的聚會上都可以暢所欲言，無論是工作還是生活，大家無所不談。很多員工在這樣的交流中獲得了其他場合得不到的信任感和友誼。而很多的怨恨和誤會也在這樣的溝通中冰消瓦解。最終的結果是，三井的中階主管非常團結，當他們的部門在工作時，人們形容為「就像一個人身體極其協調的運動」——這樣的行動才是真正順暢的團隊工作，自然而然，在這樣的環境裡，中層和下屬的關係也拉近了，工作效率也提高了。

溝通有技巧嗎？仔細想想，技巧就那麼重要嗎？有道是真金不怕火煉，其實具備溝通能力更重要，有能力就會有技巧，即使現在沒有，也很快能磨練出來。溝通能力是指溝通者所具備的，能夠勝任溝通工作的優良主觀條件，是一個人與他人進行有效溝通的能力，包括外在的技巧與內在的動因。其中，溝通的恰當性和溝通的有效性就是人們判斷溝通能力的基本尺度。溝通的恰當性，就是指溝通行為符合溝通情境和彼此關係的標準和期望；溝通的有效性，就是指溝通活動在功能上達到預期的目標。

中階主管怎樣才能具備較強的溝通能力呢？一個中階主管的溝通能力所要具有的四大要素：

1　組織能力。這是中階主管的必備技巧，包括群體動員與協調能力。一個中階主管要具有這樣的群體動員與協調能力，才能夠進行有效的溝通。組織能力是中階主管與下級溝通的基礎。如果沒有良好的組織能力，中階主管在溝通方面必然會遭遇挫折。

2　協調能力。中階主管要善於仲裁與排解紛爭，適於發展外交仲裁等事業，協調能力對於中階主管來說至關重要，只有具備良好協調能力的中層，才能在溝通上占盡優勢。

3　人際關係。中階主管要深諳人際關係的藝術，擁有良好社交能力，要善解人意，適於團體合作。具有良好人際關係的中層，在管理上總是先勝一籌，占到先機。

4　分析能力。中階主管在感知他人情感的時候要比較敏感，容易與他人建立深厚的感情。一些心理諮詢人員都具有較高的分析能力。這也是中階主管所必備的能力。只有具備了這樣的能力，才能在溝通中隨機應變，左右逢源。

一名優秀的中階主管要具有以上幾種能力，才能練就出色的溝通能力。只有具備出色的溝通能力，才能在企業管理生活一帆風順，並帶領企業在激烈的市場中立於不敗之地。

不會當楊修第二

企業中，有些中階主管都很有才華，但有才華的人容易出現這樣的情況：喜歡按照自己的方式做事，不太懂得顧及別人。身為一個優秀的中階主管，要懂得恃才助上，而不要恃才傲上，這樣才能獲得最大的助力，否則才華反倒可能成為阻礙自己發展的阻力。

楊修擔任曹操的主簿時，「軍國多事，修總知外內，事皆稱意，自魏太子已下，並爭與交好」。然而就是這麼一個既聰明又能幹的人，最後卻被恃才傲上所誤，讓曹操給殺了。

曹植在《與楊德祖書》中稱楊修的文才「高視於上京」，不在七子之下。一般史家認為略遜於七子，但不失為一時之俊才。禰衡恃才傲物，幾乎看不起所有的人，唯獨對孔融、楊修兩人另眼相看。雖然不能完全以曹植和禰衡的評論斷人優劣，但楊修有才華卻是事實。有兩件小事完全可以證明這一點：曹操征伐袁紹的時候，整理軍隊的裝備，還剩下幾十斛竹片，都只有幾寸長。大家認為毫無用處，正要讓人燒掉，曹操覺得燒掉太可惜，思索怎樣使用這些竹片，認為可以做成橢圓形的竹盾牌。但是他沒有立刻說出來，便派人騎馬去問楊修，楊修應聲而答，與曹操的想法完全相同。

楊修曾隨曹操從曹娥碑下經過。看到碑的背面題著「黃絹幼婦，外孫齏臼」八個字，曹操就問楊修：「你理解不理解？」楊修回答說「理解。」曹操說：「你先不要說出來，等我想一想。」走了三十里，曹操才說：「我已經解出來了。」就叫楊修另外寫出所理解的意思。楊修寫道：「『黃絹』，是有顏色的絲，『糸』和『色』合成『絕』字；『幼婦』，是少女，『女』和『少』合成『妙』字；『外孫』，是女兒之子，『女』和『子』合成『好』字；」『齏臼』，是受辛辣之味的，『受』和『辛』合成『辤』（辭的異體字）字。這八個字的意思，說的是『絕妙好辭』。」曹操也記下了自己解出的意思，與楊修相同。於是曹操感嘆說：「我的才智比不上你，竟然相差三十里。」

當初，楊修和丁儀兄弟策劃立曹植為魏太子，曹丕對此很擔憂，把吳質藏在舊竹箱中，用車接進府中，請他幫自己出謀劃策。楊修將此事告訴曹操。曹丕感到恐懼，告訴了吳質。吳質說：「沒有關係。」第二天，又用竹箱載絹進入曹丕的宅邸。楊修又報告了曹操。曹操派人進行檢查，裡面卻沒有人。曹操因此對楊修等人產生懷疑。後來曹植因為驕縱而被曹操疏遠，但曹植卻不停主動和楊修聯絡，楊修也不敢和他斷絕往來。每當到曹植那裡，楊修都揣度曹操的心事，預先為曹植草擬了十幾條答辭，告訴曹植手下的人：「魏王的訓誨來時，根據他的問話，做出相應的回答。」因此，魏操的訓誨剛剛送來，曹植的答辭就已送去。曹操對這樣迅速的回答覺得很奇怪，經過追問，真相才暴露出來，便公布了楊修多次洩漏魏王訓誨、交結諸侯的罪狀，把他抓起來殺了。

除了上面的說法外，另有幾件小事也值得關注。

曹操曾經叫人建造花園，他看了後不給評語，只在花園的門上寫一「活」字。眾人皆不明其意，楊修看了，說：在門上寫「活」，就是「闊」字，丞相是嫌門闊了。竟不問曹操，擅自命人把門改窄。曹操知道後，口雖稱美，「心甚忌之」。

塞北送來一合酥，曹操在盒上寫了「一合酥」三個字，楊修見了，便叫人把整盒酥吃了。曹操問他為何這樣做，他答：「盒上寫明『一人一口酥』，丞相之命豈敢違反？」曹操雖嬉笑，而心惡之。

曹操為了測試曹丕和曹植的應變能力，便叫他們到城外去辦事，暗中卻叫門衛不要放人外出。楊修告訴曹植，如有人敢阻擋，便斬殺他。曹植雖然成功出外，但曹操知是楊修所教，認為這是楊修與曹植聯合欺騙自己，非常憤怒，於是有了殺楊修之心。

曹操老擔心別人暗害他，於是對身邊的侍從說：「我夢中好殺人，凡我睡著，你們切勿靠近。」一天他睡午覺，被子掉在地上，一位唯恐侍候不周的手下馬上進房把被子撿起來蓋上。曹操從床上跳起來，一劍把手下殺掉，又上床再睡。睡了半天後起床，驚問道：「誰殺了我的愛將？」大家告訴他經過，曹操放聲大哭，替死者舉辦了隆重的追悼會後厚葬。大家都認定，曹操確有夢中殺人的病症，只有楊修心裡明白是怎麼回事。在送葬時，楊修對著死者的靈柩說：「丞相非在夢中，君乃在夢中耳！」楊修因此惹惱曹操，被曹操借故殺了頭。

於是有人說，曹操殺楊修，是他聰明過頭、好賣弄才華並且喜歡自作主張。因此，楊修是死於恃才傲上。

與楊修相反，松下電器的高橋荒太郎是一個恃才助上的人，也正因為如此，他才獲得了事業上最大的成功。一次，松下電器與荷蘭的飛利浦公司進行合作計畫的洽談中，高橋荒太郎的幹練以及

不會當楊修第二

高超的處事手腕表現出了他有極大的才能。當時，飛利浦公司以技術支援需要付費為藉口，向松下索要高額費用。高橋荒太郎不假思索提出對方也必須支付松下經營指導費，使雙方能處在平等的位置進行合作。可以說，高橋荒太郎一直扮演著溝通橋梁的角色，他能夠將松下幸之助抽象的說法準確無誤的傳達給員工。但是，高橋荒太郎卻從未因此自以為是。我們可以看出，高橋荒太郎憑自己的能力成為松下幸之助的左膀右臂。如果不是他認真研究，努力將所學寓於所用；不是他虛心對上，真誠幫助松下公司，又怎麼會得到老闆的信任呢？高橋荒太郎十分清楚自己與老闆之間的關係，他堅信跟著松下幸之助，才能將自己的能力發揮到極致。於是他謹守分寸的站在幕後，極力扮演好松下幸之助助手的角色。

優秀的中階主管肯定是能力卓越的，但是，他們為什麼能夠安心的幫助上司，而沒有輕慢之心呢？因為他們深知，自己是老闆的手臂，是輔助角色。當他們認為自己是一個很有才華的人時，就會用他們的才華幫助老闆，而不是恃才傲上。

身為企業的中階主管，恃才傲上的危害是無窮的。首先，不利於工作的開展。當發生不協調的情況時，老闆往往因對你印象不佳，將責任歸罪於恃才傲上的你。其次，對個人的發展極為不利。傲上會使老闆覺得他的尊嚴受到極大傷害，因而對你產生極大的敵意。他不會將你當做自己人，你越有才華，危險就越大。所以恃才傲上的中階主管縱有經天緯地之才，也很難有用武之地。只有助上才會有優勢，才有機會活躍在企業的大舞台上。

拉近與上司的距離

中階主管要打好和老闆的關係，首先第一條就是為上司做好這份工作，成為上司的好助手。

老闆對你不滿意，一般是跟你的工作沒有做好有關。所以，你的第一要務就是知道這些重要工作是什麼，然後專心把這些重要工作做好。如果你要提出一個方案，就要認真整理你的論據和理由，盡可能擺出它的優勢，使上司容易接受。如果能提出多種方案供他選擇，更是一個好辦法。你可以舉出各種方案的利弊，供他權衡。不要直接否定上司提出的建議。他可能從某種角度看問題，看到某些可取之處，也可能沒徵求你的意見。如果你認為不合適，最好用提問的方式，表示你的異議。如果你的觀點基於某些他不知道的資料或情況，效果會更好。別怕向上司提供壞消息，當然要注意時間、地點、場合、方法。願意優雅的向上級告誡「皇帝沒穿衣服」的下屬，最終會比只曉得獻媚而使上級做出愚蠢決策的下屬境遇好得多。

所以，中階主管需要把握好與老闆的相處之道。

如果你的老闆是頭腦冷靜的人，你提出的工作計畫和實施建議，不要自作主張，等到決定計畫後，只要負責執行就是了。執行的過程必須詳細記載，包括極細微的地方。這種一絲不苟的作風正是這種上司所喜歡的。如果執行過程中遇到困難，你最好能自行解決，不必請示。隨機應變非他所長，多去請示反而易貽誤時機，最好事後用口頭報告你當時應付的方法，他就會很高興。但要注意的是，即使事後報告，也要力求避免誇張的口氣，雖然當時的確十分難辦，也要以平靜的口氣，加以輕描淡寫為好，如此反而更展現出你應變的本領。

當你與老闆交談時，往往會緊張的注意他對自己的態度是褒是貶，構思自己應做出什麼反應，而沒有真正聽清老闆說的是什麼問題。正確的做法是：當老闆講話的時候，專心致志的聆聽其講話的內容，注意理解其意圖，必要時還要做一點紀錄。在老闆講完後可稍思片刻，也可以問一兩個問題，真正弄懂其意圖。然後，簡要概括一下老闆談話的內容，表示你已明白他的意見。

豪爽的老闆喜愛有才華的人，只要善用你的能力，表現出過人的工作成績，那麼只要時機一到，絕對不用擔心你沒有受到重視的機會。時機未到時，你仍要愉快的工作，並且做得又快又好，表示出遊刃有餘的能力。同時還要隨處留心機會，一旦發現可以異軍突起時，就要好好把握。切記所計劃的一切要十分周詳，然後伺機提出，只要一經採用便可脫穎而出。意見被採用表示你有眼力，若再委託你來執行計畫，就足以說明你的能力已被肯定。

如果你想成為好的企業中層，曲意奉承是沒有用的。

前ＩＢＭ總裁小托馬斯．Ｊ．沃森曾說：「野鴨子每年冬天都要從北方飛到南方。一些北方人因為喜歡鴨子，經常提供食物給牠們。於是，一些野鴨子因貪戀這些食物便留在了北方，並漸漸被馴化成了家鴨，再也飛不動了。因此，人們只要停止提供食物，牠們就只有死路一條。而那些每年不辭辛苦堅持飛往南方的野鴨子，仍然活得很好，並且越來越健壯。

人也同樣如此，如果一個人只會跟著他人的指揮棒走，他就會失去想像力、失去創造力、失去進取心，同時也會失去自我生存的能力。我需要的是會飛的野鴨子，是活生生的人。我不希望我周圍的人只會對我說『是』，我真的希望員工能經常推開我的房門，大聲對我說：『你錯了！你應該……』

唯有如此，我才能坐在這把交椅上而無後顧之憂。」從小托馬斯的話中我們可以看出，上司需要的是有進取心、有幹勁的下屬，需要的是能夠幫助上司改進工作的下屬，而不是唯唯諾諾的平庸之輩！

有些主管認為自己只要多做事，勤勤懇懇就能獲得上司的青睞，因此他們時刻把「多做事」視為信條。其實不然，身為老闆，他看重的不是你做了多少事情，也不是你花了多少時間來做事情，他們最看重的是你有沒有把他最關心的、他認為最重要的事情做好！如果你把大部分時間和精力花在老闆不關心的工作上，那你等於喪失機會，無法讓平日的工作獲得最佳效益。這樣做也會為你和老闆帶來更多壓力，讓別人以為你是庸才。為了避免發生這種情況，你要把握好以下幾點：

1 辦事簡潔利索，是員工的基本素養。在老闆面前，要有所選擇，直截了當、十分清晰的報告工作，把備忘錄歸納在一張紙上是一個好辦法，使老闆在較短的時間內明白你報告的全部內容。

2 認真完成己任。沒有比不能完成自己的分內工作更令老闆失望的了。解決好自己部門面臨的問題，有助於你提高在上司心目中的地位。

3 積極是誠於中、形於外的一種行為模式，成功的老闆往往希望企業的主管和他一樣樂觀向上，有經驗的下屬很少用困難、棘手等詞語，他們更喜歡挑戰，並制定出計畫，用切實的行動迎戰有難度的工作。

4 良好的形象是老闆經營管理的靈魂。你應該經常向他介紹新的資訊，使他便於掌握自己工作領域的動態和現狀。可在開會前向老闆提示新資訊，表達時注意不要讓對方留下炫耀的印象。

5　老闆可能會容忍你的缺點，但不會原諒你的欺騙或沒有信譽。如果發現自己確實難以勝任某項工作時，應盡早向上司說明緣由，可能他會有暫時的不快，但比最後感到失望、產生不滿要好得多。

6　你應對上司的背景、工作習慣、奮鬥目標及個人的興趣愛好有所了解，不是為了討好對方，而是要知道你該說、該做什麼，不因不知而有所閃失。

7　當與老闆談及你的同事時，要著眼於他們的長處，而不是動輒揭短、相互拆台。否則，會使老闆認為你不善於處理人際關係，並對你能否擔任中層、能否與人合作的能力產生懷疑。

8　如果你的老闆是異性，則要注意保持一定的心理距離，勿使關係過於密切，以免捲入他的私人生活中。過分親密的關係，容易使某些心地不純的上司產生非分之想，產生你難於應付的尷尬局面。

把握好與同級中層的相處

身為一個企業裡的中階主管，每個人都有自己的職權範圍和工作職責，要處理好和其他中階主管的關係，首先不要侵犯別的中層的「領地」。所有動物都有領土意識，大至獅子老虎，小至老鼠昆蟲無不如此，像狗在住處四周撒尿，就是在劃領土，警告別的狗別越界闖進，若哪隻狗闖了進來，便上前趕走。

從另一方面來講，「領土意識」基本上等同於自衛意識，同樣，人的表現雖不像動物那樣直接明了，但自衛意識同樣強烈，只不過在方式上有所不同。如果你不注意這一點，就很容易自討沒趣，甚至遭到其他中階主管的迎頭痛擊。

祐誠是一家行銷公司的優秀中階主管。他所在的公司裡，曾經因為各個部門之間都非常具有團隊精神，而使業務成績非常突出。

但是，這種和諧融洽的合作氛圍卻被祐誠破壞了：公司的高層把一項重要的項目安排給祐誠，祐誠對這個項目有了非常周詳而又容易操作的方案，但是為了表現自己，他沒有與同級主管磋商，而是直接向總經理說明自己願意承擔這項任務，並向他提出了可行性方案。

祐誠的這種做法，嚴重傷害了同級主管之間的感情，破壞了團隊精神。結果，當總經理安排他與其他中階主管共同進行這個項目時，始終無法達成一致意見，所以產生了重大的分歧，導致企業內部出現分裂，團隊精神開始渙散，項目最終也沒能順利進展下去。

在企業裡，中階主管的「領土」就是工作的職權範圍，同樣不可侵犯。你要時刻牢記「不在其位，不謀其政」，因為無論多麼開放的職場，界線永遠存在。你不要越線去做「幫助」別人的事，也許你是出於一片好心，問題是對方可能不領你的情。許多時候你的「熱心」在別人看來是「別有用心」，這豈不是得不償失？而且幫助別人做事往往會使被幫助的人接受這樣一種暗示：「你自己的事都做不好，你很無能，我比你強。」這種暗示讓人多麼不舒服就可想而知了。

有時，你的項目人手緊張忙不過來，此時切不可亂用你的權力，不透過其他部門的中層就隨意調用該部門的人員。對該部門中層而言，你是「手太長」，沒把他放在眼裡。對被調用人員而言，心中也充滿不平，「你算哪根蔥，你管我？」這些通常不會顯露在臉上，你不要傻乎乎的以為人家都很願意幫你。實際上，你已經「侵犯」別人的「領土範圍」了。

另外一種情況是，有些中階主管過於依賴個人的關係而忽略應該走的「過場」，這也是一種「領土」侵犯行為。比如，你與設計室的某人關係不錯，因此你便直來直去，把一些要繪圖的文件直接塞到設計者的手中，全然忽略了設計室的中階主管。這是最容易得罪人的一種行為，這無異於對其「領土」的「公然踐踏」，本來忙的都是公事，卻不小心結下了「私怨」。

記住，你所代表的是一個項目而不僅僅是你個人，你的行為往往被人們視為部門行為，所以更要小心。這種領土意識看起來很無聊，卻是存在的，如果你不注意侵犯了別人的領土，會惹出你意想不到的麻煩。

在一個公司裡，中階主管之間常會出現這樣或那樣影響雙方共同利益或其中一方利益的事情，這時候需要在同級之間開展批評活動。同級中層之間開展批評是非常重要的，但要收到良好的批評效果並不是一件容易的事，這裡既需要有「團結——批評——團結」的良好訴求，又需要講究藝術。身為批評者，首先應避免負面的批評方式，包括：挑剔式批評、挖苦式批評、尖刻式批評、質問式批評、壓服式批評、威脅式批評、籠統式批評、指責式批評以及「馬後炮」式批評。

企業管理專家認為，衝突是人類不可避免的心理體驗，是兩種目標的互不相容和互相排斥。衝突是一種心理經歷，有一個醞釀培植——刺激突發——情緒宣洩——理性控制——復歸平衡的流動過程。為了解決衝突，企業應遵循人類心理規律，透過心理疏導，喚起理智感，讓員工自己解決矛盾，實行自我教育；避免負面情緒左右心理趨向，在心理相融的氣氛中和平的解決衝突。

同級主管間批評的要領：要定準批評的目標，批評語言要盡可能明確，用「相信」、「我覺得」來講，不要用責備或傲慢的語言。所批評的行為必須是可以修正的，如果根本就不能修正，請免開尊口。善於融批評於閒談、娛樂等「無形無意」之中，以減少對方的緊張、戒備、牴觸等心理，這有利於對方接受批評。批評時密切觀察對方的反應，你可以同意對方的看法，但要讓他明白別人未必同意。「箭在弦上，引而不發」，以促使對方自覺、自悔、自新，要強調對方的錯誤對雙方都有危害，使其明白如果不改時，你也受他拖累，改了對雙方都有益，這雖有些埋怨的意思，但他絕不會說你在「多管閒事」。要善於表示能體諒對方的處境和感情，等候最適合的時機再發表批評，脫口而出的批評常不受控制，因而影響批評效果；以君子之心度人，有助於消除對方的敵意，比如說：「我曉得可以對你直言，因為你歡迎這樣的做法，絕不會計較」等等。要盡力使對方相信你不是「越界」去干涉他和有意挑剔他，而是真正在關心他，否則，即便你是一片好意，也容易被對方認為你在多管閒事、自以為高明或故意和他過不去，必須使對方明白你批評的原因。一旦批評產生了正面效果，應立即表示贊許或感激。批評必須以客觀事實為根據，不可摻進個人成見。批評的同時，要注意肯定對方的長處和成績，增強對方的自尊心和自信心，促使其主動承擔責任或檢討問題，提出改正錯誤的條件和意義，使對方覺得改正有益。假如你心中不高興，不可在言語態度上流露出來，特別注意不要流露譏諷、歧視、反感、敵意等情緒。避免做出捏拳頭、瞪眼睛、皺眉頭等發怒的表示。批評應盡量針對共同目標而發，措辭方面強調合作。

其實，同級主管之間既不是競爭對手，也不是沒有任何關係的陌生人，如果中層將其他部門的中階主管視為自己內部的客戶，你們之間的關係和角色就會產生很大的轉換和改善。一個聰明的中階主管，對於同級中層之間的關係，應樹立以下理念：

1　其他中階主管與我之間是客戶關係，他是客戶，我是供應商。其他中層到我們部門來找我，是來「購買」他所需的「產品」（支援和服務）；至於我，應像對待外部客戶一樣熱情服務，「出售」我的「產品」（支援和服務）。

2　同事是我的外部客戶。事實上，在公司內部向同級部門提供的服務品質和效率是十分低下的，遠遠不如我們為外部客戶提供的產品和服務。身為中階主管，經常抱怨別的部門，抱怨別的人，可是，他們中間又有誰意識到，只有每一個人在每一個環節出精品，公司最後才能出精品。只有我部門為其他部門（同事）提供高品質、高效率的支持和服務（產品），對方才能在下一道程序中做得更好。千萬不要以為公司內部部門無法獨立，所以無法消除壟斷，就採取低劣的支援和服務。

絕不影響企業績效

在企業裡，我們隨時都可以見到一些中階主管自視清高的現象。很多中層的能力的確很出眾，於是他們就以為有了恃才傲物的資本，對下屬和平級同事不屑一顧，甚至對老闆也是挑三揀四，認為其限制了自己能力的發揮；更有一些中層，本來能力平平，卻總以為自己才高八斗，覺得別人的建議都是目光短淺、不值一提，於是我行我素甚至獨斷專行。

有些企業裡存在著這種情況：市場部的輕視設計部的，管理部的輕視人事部的，出了什麼問題，大家總是在互相埋怨、推脫責任，從來都不去找自己身上的毛病。

其實，同在一個公司裡工作，別人有困難時就應伸手幫忙，要知道，每個人都有需要別人幫助的那一天。千萬不要總是站著說風涼話，事不關己高高在上，這樣做的結果是：企業不會進步，自己也得不到發展。

正是因為中階主管相輕，相互之間無法合作，彼此產生私心，從而變得視野狹窄、眼光短淺，缺乏團隊精神，整個企業也像一盤散沙，沒有什麼團隊精神可言。

在企業裡，有一種制度叫績效考核。有一些部門中層對此覺得很不合理：他們一算，自己的獎金變少了，還要被企業考核。於是，背後說壞話的有，開會大吵大鬧的有，不聞不問的也有，種種姿態，不一而足。

某公司一中階主管曾經說過：「不至於那麼嚴重吧，不就是績效考核嗎？一個制度而已。」其實制度本身並不是不好，但是損害了某些人的個人利益。那些有意見的中層不會說自己的獎金變少了，而會說本部門的獎金變少了，本部門的風險變大了，甚至挑起部門員工對制度的敵意，對老闆施加壓力。這樣一來，一個很簡單的事情就變得非常複雜了。

很多企業的中階主管其實很不稱職，根本沒有團隊精神，他們把個人或者部門的利益凌駕於整個組織之上：開會講話都是我們市場部、他們人事部、他們工廠部、他們財務部。一個缺乏團隊精神的企業，內耗就會增加。一些企業的老闆，有百分之四十的工作時間用在解決企業的內耗上。如果一個企業內各部門間的摩擦太多，個人間的摩擦太多，中階主管的私心太重，不會顧全大局，他們就會在企業內明爭暗鬥，進一步增加企業的內耗。

身為一個企業的中階主管免不了經常和人溝通，如果彼此間不能坦誠相待，大家總是相互猜疑：我知道他是這樣看我的、他肯定在老闆面前說了我的壞話、這個事情我不好說我不想惹麻煩。人前不說真話，人後亂說壞話，那麼企業的市場問題、生產問題就會變成人際關係的問題，原本簡單的問題就會越來越複雜。

中階主管心態不好，做人不誠信，就會對同事不講誠信，對老闆不講誠信，對客戶不講誠信。這樣的經理會嚴重影響企業的形象和效益。

有些人很喜歡按照好人與壞人這個本身就很模糊的道德標準去評判一個企業的行為。企業要裁員，就會有人說，他人很好，企業為什麼要資遣他？絕不能用這樣簡單的標準來衡量人，企業的員工沒有什麼好人與壞人之分，評價的標準應該是看他是不是合格的企業人。如果對企業沒有價值，再好的人也不能要。

某公司的績效考核制度中規定，每個部門每年必須有百分之五的員工被評為不合格（實際上最初定的是百分之十）。不合格就意味著要被炒魷魚。當這個決議提出來的時候，就有很多中層反對。他們覺得下屬的員工都是跟他出生入死的好弟兄，如果把他們炒了，自己太沒有義氣了。

主管A和員工B是很要好的朋友，B是A帶進企業的，為A獻過很多良策，也為企業帶來過很不錯的效益。可是在績效考核制度中，B被定為不合格。按照規定，企業需要資遣B。經理A找到老闆為B說情。

一些中階主管就是喜歡做「爛好人」，不願對別人做負面評價，所以績效考核總也推廣不了。其實在當君子的背後，掩藏著的本質是這些中階主管缺乏自信，害怕對下屬做負面評價會引起下屬的反擊。所以，中層要樹立起信心和威信，不要因為一些小事而使自己失去自我。

某企業有個部門經理，在企業創立初期為企業做了很大貢獻，企業也一直在努力培養他。但這人心胸特別狹窄、私心特別重，這是一個很致命的缺點。他幾乎永遠站在自己的立場上去考慮問題。比如，他認定他的上司不如他，但年終獎金比他高，這令他無法容忍，所以他經常跑到老闆那裡去說該上級的壞話。其實，別人能做你的上級，肯定有他的長處，即使別人有問題，也應該與他達成諒解和共識。原因很簡單：你們是為一個共同的目標而工作，而他是你的上級。

如果一個中階主管心胸狹窄，總是認為別人不行，那麼無論他的工作熱情有多高、能力有多強，他都不可能走到更高的管理職位上。

與自己不喜歡或不喜歡自己的人相處，是對一個人胸懷的極大考驗。要知道：做大事的人的胸懷都是被反對者撐大的。Motorol A的總裁高爾文喜歡駕船航海，那是在練個人的胸懷。人在面對大海和高山的時候，心胸自然開闊，心思會更加透亮。所以身為一個中層，要多出去走走，見見世面、增廣見聞。老窩在辦公室那麼窄小的地方，做手頭那點事情，怎麼大氣的起來？

中階主管不能沒有主見，但也不能固執己見；不能沒有自信，但也不能驕傲自滿。當中層要制定計畫時，應以恰當的方式與老闆商量，然後再做定論，因為計畫正確、高明與否對企業發展至關重要。但總有一些中層在制定計畫的時候，不喜歡或不願意聽取下屬或專家的意見，尤其是不喜歡聽反對的意見，他們把自己視為一名無所不知的英雄。殊不知，由於受到知識、資訊、行業、地區、觀念、意識等方面的局限，一個人拿定的主意往往是不正確的，甚至是十分有害的。

企業的財富成長與企業中層心態的關係越來越密切。在未來的市場競爭中，真正獲勝的一定是那些擁有健康心態的中階主管的企業。擁有正面心態的中層越多，企業的勝算就越大。

信任下屬

信乃立身之本，也是企業的經營之道。身為企業的中階主管，在知道人才對公司的重要性時，應該用心的疼惜他們，像老闆信任自己一樣信任下屬，授權有信，絕不以少數人的流言蜚語而左右搖擺，不因小節而止信生疑，更不宜捕風捉影。否則，企業的人才策略必然會因此而擱淺。如果下屬得不到你起碼的信任，其精神狀態、工作幹勁會怎樣？假如你的公司職員情緒欠佳，意志消沉，怨懟叢生，上下級關係怎麼能融洽？這種彼此生疑生怨的狀況，常是導致企業癱瘓的主要原因。

中階主管對人才的信任，實際上也是對人才的愛護和支持。特別是對於那些任勞任怨擔當基層管理的人才，他們分管具體工作，容易受下屬非議，甚至可能要蒙受一些流言蜚語的攻擊，此時，他們最需要的就是中階主管的信任。因為這份信任正是他的精神支柱。

嫌隙是關係惡化的開始。離自己越近的下屬，你應該給他越多的信任。在一個企業裡，副經理、部門經理之於總經理，一般職員之於部門主管，可稱為手足或臂膀，理應得到很多的信任。如果你不給他們信任，就會影響到他們的工作。

用人不疑是中層必須秉承的一條重要的用人原則。疑人不用的原則應該是：凡是經過考察、認真研究，覺得不可信任之人，就一定不要用。如果失之斟酌，盲目錯用，就會自食惡果。對於人才，一旦委以重任，就要推心置腹，充分信任，大膽放權，絕不干預。中階主管只有信任人才，才能放手讓下屬獨立自主的行使職權，只有下屬有了獨立自主的地位，方可充分發揮其各種才能；只有信任，才能贏得下屬忠心不渝的獻身事業。

沃爾瑪的每一個主管鈕釦上都有「我們信任我們的員工」的字樣。這也正是沃爾瑪能發展成為美國最大零售連鎖企業的祕訣之一。

如果下屬在工作中得不到中層的信任，他就會覺得工作已經沒有任何意義，也就不會再積極工作。所以說，中層在分派給下屬任務的時候，如果沒有賦予信任，處處猜忌、嚴密監控的話，做事的人就很難把事情做好。而且，信任是互相的，中層若不相信下屬，下屬也就很難相信中層，就更談不上對企業忠誠了。

因此，要想讓下屬充分發揮潛力、積極主動的工作，就必須對他充分信賴。

給予下屬信任，是確保企業成功的「廉價」投入。當下屬在完成任務的過程中屢攻不克、損失慘重，但再堅持一下就能取得最後成功時；當下屬因為一時失誤，受到同事的指責、埋怨，正進退維谷時……如果主管還能給予充分的信賴，可想而知，這將對下屬產生多大的激勵作用，又將換來多厚重的忠誠！

星期六，人們都度假去了，公司老闆威廉卻悄悄在屬下一個工廠巡視。他發現那裡的實驗庫房區上鎖，便立刻跑到維修班，找到了一把螺絲刀，把庫房門上的鎖撬了下來。

星期一早上，上班的人們見到了威廉留下的一張字條：「永遠不要將此門鎖上，謝謝！」庫房竟不上鎖？為什麼？這正是公司不同凡響的一種表現。公司對自己雇員的信任充分展現在「實驗室庫房開放政策」之上——公司的工程師不僅可以自由出入庫房取物品，而且他們被鼓勵將零件帶回家供個人或家庭使用。

信任具有無比的鼓勵威力，它滿足了下屬內心一種渴望勝利和成長的激情，往往使主管得到意想不到的輝煌結果。

惠普之所以能取得成功，全有賴於它的管理之道。正如惠普的兩位創始人威廉·惠利特和大衛·普克德所總結的：惠普之道，歸根結底，就是信任個人的誠實和正直。它由五個不可分割的核心價值構成。第一個就是：信任、尊重，尊重個人，尊重員工。惠普的管理重心全部落在信任員工上面。惠普的每一位主管深信每個員工都有他的重要性。

惠普從不隨意猜忌員工。存放電機零件的實驗室備品庫是全面開放的，這種全面開放不僅允許工程師在工作中任意取用，而且實際上還鼓舞他們拿回家供個人使用。因為惠普的觀點是：不管他們拿這些零件做的事情是否與其工作有關，反正只要他們擺弄這些玩意，總能學到點東西。

員工在信任的氛圍中，才會承擔更多責任並自覺的合作。例如，當羅斯威爾分部經理隱瞞中心可能合併的訊息，以避免員工產生焦慮情緒時，員工反而會做最壞的結論：他們聽到的謠言是真的，中心要關門了。他們的焦慮轉變成不信任，然後就會更進一步假設分部經理並不關心他們的未來，如此發展下去，事態就會很嚴重。

對於一個龐大的企業來說，管理制度是非常重要的，但令人不可思議的是，惠普不但沒有作息表，也從不進行考勤。員工可以從早上六點、七點或八點開始上班，只要完成八小時工作即可。這樣每個人都可按照自己的生活需求來調整工作時間。

在惠普看來，對員工的信任高於一切。產品設計師不管在做什麼東西，全部都留在辦公桌上，誰都可以過來擺弄一下，並可以無所顧忌的對這些發明評頭論足。這種用人之道，用一句俗語可以表達為「疑人不用，用人不疑」。

公司認為，若要員工變得願意承擔更多責任，必須讓員工有一種被信任的感覺，或者至少他們必須被公司平等的對待。惠利特和普克德認為：「只要給予正確的環境和工具，員工就會積極做好工作。」

尊重員工

尊重員工是中階主管必須學會的一門功課。事實上，有許多中層並沒有做到尊重員工，至少有一部分人不是真心的。無論他們的工作在主管眼裡看起來多麼不值一提，都是企業不可缺少的一個環節，而且他能做得很好，就要另眼相看。尊重員工的工作成果，有些小成績也許在中層看來微不足道，對他來說卻是盡了很大的努力，因此，你都應當給予正面的肯定和鼓勵。

最重要的一點：要尊重他們的工作方式以及思維習慣。每位員工的學經歷不同，成長的環境也不同，這些不同造成每個員工的工作方法各異。中階主管應該注意到其員工的工作效果，而不只是工作方式。要和他們多溝通，多鼓勵他們發表自己的意見，在不影響總體目標和成果的前提下，給他們一定的空間按照自己的想法去做，這樣，他們無疑會喜愛自己的工作、自己的團隊。

世界一流的大公司惠普之所以能取得成功，在許多中層看來，靠的是「以人為本」的企業宗旨。惠普公司「以人為本」的宗旨主要展現為關心和重視員工、尊重員工的工作。惠普的創始人惠利特和研發部主任奧利佛經常到公司的設計現場和普通員工交流意見，察看員工的工作情況。以至於兩人退休後，公司的員工都有一種感覺，好像惠利特和奧利佛隨時都會走到他們的工作台前，對他們的工作提出問題。在惠普公司，中層者總是和下屬打成一片，他們關心員工，鼓勵員工，使員工感到自己的工作成績得到了認可，自己受到了重視。這些無不展現了中層對員工的重視和關心，員工獲得中層的體貼與愛護，做出的成績得到了主管的肯定，他們就會更加努力的工作。從惠普的例子我們看出，尊重、關心員工，認可他們的工作，能使員工得到鼓舞與滿足，有助於鼓勵他們努力工作。

中階主管要學會尊重和關心員工，並在這方面下工夫，可以試著從以下幾點做起。

1　要打破等級觀念

中階主管想要尊重員工，就要先把自己和員工放在平等的位置上。中層要尊重員工，並經常和他們進行有效的溝通，用這種辦法使企業中的每一位員工都感覺到自己在公司的重要性。

對於老員工，特別是那些為公司發展做出貢獻的員工，即使他們已經不為公司工作了，也應時常關注他們、關心他們。這樣做不僅展現了中層的親和力，也會對現有的員工產生示範效應，能讓他們感到溫暖。辭職和離職的員工雖然不屬於組織中的一員，但他們對企業中的現有人員能產生一定的示範效應。如果一個企業連辭職和離職的員工都能尊重，那麼，現有員工沒有理由不相信他們能夠得到主管的尊重和關心。

2　平等、公正對待每位員工

企業的主管不能從個人偏好出發而刻意喜歡或者厭惡某位員工。應該意識到，每位員工的付出都是公司必不可少的，他們對公司的存在和發展具有同樣重要的作用。無論對誰好，都會影響到某些員工的工作積極性，只有做到一視同仁，才能充分調動所有員工的積極性。

不關心員工身心健康的中層不是好的管理者，不關心員工身心健康的中層是不負責任的中層，這樣的中層與企業是沒有未來的。幸運的是，越來越多的企業已經意識到這個問題的嚴重性。人本管理、人性關懷已成為時代趨勢和國際潮流。以人為本，在企業中表現為以員工的身心健康為本，一些企業也紛紛採用薪資、福利和培訓等方式激發員工的主動性和積極性，幫助員工解決心理問題。可是，仍然會出現這樣的問題，即該給的都給了，能做的都做了，員工的積極性依然調動不起來、工作效率依然沒有提高，員工還是會出現一些負面的心理狀況。

3　尊重基層員工的工作

在一個組織當中，等級關係主要展現在職位的高低上，職位高的人一般更容易受到尊重，而職位低或者沒有職位的員工可能不易被人重視。身為一名領導者，如果你能善待每位員工，將每位員工的工作都視為重要的事情，尤其是那些不被人重視的基層員工的工作，那麼你的親和力就會展現得更加明顯。

4　充分信任員工

現在有的管理者常常埋怨員工沒有自信心、缺乏責任感，因而不尊重、不認可他們。但是，我們逆向思考一下，試想，如果領導者充分尊重和認可了員工，那麼他們還會缺乏自信心和責任感嗎？自信和責任受制於主觀和客觀兩個層面，上司的信任是一個很重要的客觀條件，上司的信任是提升員工自信心和責任感的重要因素。

5　不隨意辭退員工

不隨意辭退員工有利於培養員工的歸屬感。員工能夠對企業產生歸屬感，其前提就是中層能把員工當做自己的兄弟姐妹，不會隨意捨棄他們。

惠普在這方面就做得很好，他們的員工一經聘任，絕不輕易辭退。在第二次世界大戰中，該公司要簽訂一項利潤豐厚的軍事訂貨合約。但是，要接受這項合約，當時的員工數量還不夠，需要再僱用十二名員工。惠利特就問公司的人事處長：「這項合約完成以後，新僱用的這些人能安排別的合適的工作嗎？」該人事處長回答說：「已經沒有什麼可安排的合適工作了，只能辭退他們。」於是惠利特就說：「那麼我們就不要簽訂這項訂貨合約了吧！」考慮到新員工的利益，惠普公司最終沒有簽訂這項賺錢的合約。

6 要尊重辭職或離職的員工做出的貢獻

一個企業的發展和崛起，靠的是主管的經營才智和員工的齊心協力。如果說主管是衝鋒的元帥，那麼員工就是強大的後盾。只有上下同心，才能創建成功的企業。這個看似很簡單的道理，卻讓人想起了一個令所有主管聽了都會有點不安的故事：

一名優秀的大學生畢業後進入了一家不大的企業，不到兩年的時間，他便成長為公司的骨幹，但正當他備受公司認可的時候，卻突然提出辭職。中層很是不解，私下溝通才了解他離職的真正原因。「除了上下級關係之外，我實在無法認可我的上司。我和他一起出差，路上意外生了病，他卻不聞不問，一味督促我提前完成任務、縮短行程安排。我無法打從心底尊敬他，在日常工作中總是難免有意見衝突。」

一件小事，讓公司培養人才的苦心盡付東流，這是否能夠讓我們反思一下管理者的失職之處呢？

留住優秀下屬

中階主管最基本的日常工作就是不停的遭遇問題與解決問題。當然，如果這些問題得不到及時且有效的解決，企業就會遭遇管理的失控：當我們恨鐵不成鋼，埋怨下屬沒什麼長進的時候，誰會想到自己正是妨礙下屬成長的重要原因；當我們一次次對下屬說「只要結果」的時候，不爭氣的下屬還是在不斷的惹麻煩，而且，很多問題是一而再、再而三的出現；當我們終於找到了忠誠而有能力的下屬時，他們竟然準備辭職；當我們收不住手腳，連下屬的工作都攬過來做的時候，誰會想到忙死忙活的自己，竟然會成為下屬最厭惡的那種主管。

企業經常遇到這樣的事，一些優秀的技術骨幹或是重要職位的員工要辭職。這些員工都是企業的精華，一旦失去，企業會蒙受很大的損失。於是企業堅決不讓他們走。想走的員工靠關係離職，或者大吵大鬧，有時甚至鬧到劍拔弩張水火不相容的地步。

留住優秀的員工並不是一件很困難的事，只要中階主管在工作中為人才營造公正平等與融洽的環境，使他們能在你的領導下有一種自我價值成就感，人才便會忠心的在你的旗下勤奮工作，回報於你。

如果一個優秀的員工離開公司去接受另外一份工作，中階主管事前全然不知而大吃一驚，這實際上是該公司管理不善的一個信號。公司裡面應該有人事先就察覺到，並做出努力使這位欲離職的員工回心轉意。

優秀的中層對下屬的要求、工作的阻力以及有什麼事在使他們生氣等等，都應該非常敏感。員工的情緒在很多地方都會表現出來，有時他們會遲到，工作拖拉，巧妙的告訴你他的家人很討厭目前所居住的地方等等。你或許不能解決所有煩惱。但你應該理解他們的困難並表示同情，有時這樣就足夠了。

一個員工的工作表現並不總是顯示了他對公司的看法。常常有這樣的情形，某個員工僅僅依靠自己的才能和遵紀守法的習慣就能夠在某個職位上工作得極為出色，實際上他對這項工作毫無興趣。

例如，在某部門有一位員工工作極其出色，不斷打破銷售紀錄，可是他內心夢想的工作卻是該公司的電視部。從公司的角度考慮問題，他當然應該留在原部門，繼續創造佳績。但現實問題是，如果他一心要做電視工作，其他公司滿足了他的要求，他很快就會離開公司。

對這個問題，非常有效的解決方法是讓他同時插手兩項工作。如果他確實很優異，那麼電視部的工作並不會影響他在原部門的工作，相反，還能拓寬他的知識面，使他繼續待在公司，讓雙方都獲得滿足。

如果說一個中階主管有責任對其助手的思想狀況敏感的做出反應，那麼這個責任是兩方面的，身為雇員，他們應該向上司訴說自己的思想波動和要求，而中層雖然難以探測他們的內心祕密，起碼應該使員工能夠接近自己，顯示其思想動態。

一家公司曾聘用過一位年輕人在海外某部門。幾個月後，他就顯示出非凡的能力，其上司相比之下顯得黯然無光。如果將年輕人提拔到他應該的位置，那他的上司將會因為不滿而破壞公司的安定。於是公司把他調到公司另一個駐外代表處擔任主任，充分發揮他的才能，那位年輕人實際上連升了三級，但公司裡沒有人注意到他的三級跳，也沒有人發牢騷。

要留住人才，企業就要有凝聚力，就要重視人才，為人才成長創造一種好環境。中層的工作重點要放在如何增加企業凝聚力上，而不是用種種行政措施不讓人走。有些人跳槽為了錢，但也有相當部分人才跳槽是因為人際關係不融洽、特長得不到發揮、上司不重視人才。當然，這裡指的是人才的合理流動，如僅為高收入拋棄了技術專長、人才流向過分集中、涉及商業技術機密等問題時，企業也要有相應的舉措，從整體上調整、控制人才流動的方向。

對於執意要辭職的員工還要釐清他走的動機。是因為和上司、同事關係不融洽，還是因為企業效益差？然後再做說服勸告工作。如果企業在用人關心人等方面確有失誤，可以坦率的承認並立即改正。總之要對症下藥，但是千萬不要說傷感情之類的話，這只會激化矛盾。他要是本來還有些猶豫不決的話，即使不馬上走，今後也沒好果子吃了，事情也就發展到非辭職不可的地步。曾有一位著名企業家因對一個要求調走的員工說了刻薄的話而被殺，員工絕望之餘鋌而走險，應受法律制裁，但也為我們留下了一個教訓：此類傷人的話固然解氣，但於事有百害而無一利。如果做了很多工作，對方仍然要走，明智而現實的做法是開綠燈放行。因為強扭的瓜不甜，留人留不住心。人才潛能發揮不出來，只能產生副作用：一是個人不好好做，甚至吃裡扒外，把公司技術資料外傳；二是攪亂人心，影響其他人。

有些企業採取更極端的辦法，對請求離職者降職、調換工作，希望能殺一儆百，最後發展到意氣用事，企業為不放人而不放人，員工為調走而調走。其實這正好南轅北轍，要調走者後路已無，一心要走，輿論也會日漸同情他，因為員工一般都對企業都做出貢獻過，現在和企業鬧僵被貶，大家心理上會感到為企業賣了半天命卻落得如此下場而寒心，害怕自己有一天因為調走或什麼事得罪企業，和他一樣下場。這實際上也挫傷了不走者的積極性，損害了企業形象。面對請求離職的員工，不妨開一個小範圍的歡送會，肯定其過去的成績。給予實事求是的評價，表現忍痛割愛的心情，這樣好聚好散的做法，會使離職者感恩戴德，留下者看到企業愛才、處理問題實事求是，充滿了溫馨和人情味，不是人走茶涼，無形中為企業樹立了良好的形象。

學會使用棘手的員工

「林子大了，什麼鳥都有」，往往在每一個公司裡也是這樣。所謂棘手的下屬是那些不服從管理且難以對付的人。這種人每一個單位都有，只要你是個中階主管，到哪裡都會遇到他們，甚至這種人專門和管他的人作對，但對和他沒有利益衝突的人還是比較友好的，因此他有他的勢力和人際圈子。他們足以在有些問題上與你分庭抗禮。身為老闆，更應當明白這一點，世界上的人並非都那麼理想，那麼可愛，應當心胸開闊的面對這個現實，做好思想準備，也許就會發現別人已經在無意中與你對立起來。

一些下屬在種種社會不良現象的影響或者利益的驅動下，也會萌發害人的念頭。知人知面難知心，身為一名公司老闆，很難保證自己對所有的雇員都了解。因此，總有一些善良的人會被蛇一樣的惡人欺騙、陷害。這些善良的人之所以上當受騙，是因為他們的警惕性不高，總以善心待人。古代寓言中那個救了狼性命的東郭先生和暖活了凍僵的蛇的農夫，就屬於這種人。

有些中階主管明知自己的某一位下屬是個壞人，背叛過自己，卻帶著僥倖心理相信他能痛改前非，悔過自新，以致不加提防，再一次吃虧上當。另有一種中層能夠認準陷害過他的惡人，對之拒於千里之外，不會再受其害。但是，對於其他惡人他卻認識不清。儘管有人一再警告，但他沒有親自領教過這種惡人的狠毒，因而不加提防，直到遭不測，才痛心疾首，恨之入骨。這種人相信自己的親身經驗而不相信別人，只接受自己的經驗教訓而不善於吸取他人的教訓，因此也屬於愚類。

被蛇咬過一次也是難免的，重要的是吸取教訓，總結經驗，增強警覺，提高洞察力，對於一時認識不清的人盡量小心謹慎，在使用不了解的人之前一定要經過嚴格的考驗，遇事多聽別人意見，不可貿然委以重任。

身為一個企業的中階主管，你手下難免會有幾個蠻橫的人，這些放肆的人對你是非常危險的。他們總是像老闆一樣，到處施展其權威，他發表意見並不是要幫助人，而是想駕馭你。對於這種人一定要設法讓其屈服於你的權威之下。

獨特專行的下屬總顯得特別有自信，做事不喜歡找老闆商量，不也願與你保持密切聯絡。中階主管若遇上了獨斷專行的下屬，一定會使他大傷腦筋。因為獨斷專行的下屬有一很大的特點就是他們具備相當實力。哪怕是想駁倒他們一句話都非常難，唇槍舌戰你說不定還不是他們的對手呢！面對這種局面，身為他的管理者，你該怎樣辦呢？如果對這種下屬聽之任之，他們不只會嚴重妨礙你的工作，而且有迅速替代你的可能。避免這種情況出現的最好方式是，你一開始就不對他們妥協，拿出管理者的權威約束對方，絕不能讓他在你的權力範圍內為所欲為。

獨斷專行的下屬雖然有實力，但對中階主管來說，這種人如果使用不好，不僅不會起到多大幫助，反而還會帶來麻煩。如果你有獨斷專行的部下，一定要在充分了解對方性格的前提下使用。切不可被對方牽著鼻子走，以免產生矛盾時自己措手不及。

對於獨斷專行的下屬，一定要設法讓他清楚的知道，什麼事情是他有權做，什麼事情是他無權做的，有必要的話，還可以在員工大會上把屬於他那個職位的權力有意無意的公布給大家，讓大家都知道，讓大家都來監督他。這種下屬有實力，但是你不能把最重要的工作交給他們，到關鍵處不要依靠他們，以免到時他們操縱你的命運。

此外，中階主管還要特別留心監督。如果你有這樣的下屬，卻不知道他在什麼地方，做什麼事，那麼你的前途必是充滿風險的，等他們把一切都安排好，一旦鑄下大錯，再想補救就來不及了。

在為這種下屬安排工作時，千萬別忘了囑咐他們：「這件工作全交給你了，一定要注意多保持聯絡。」說話要委婉，但一定要多重複幾遍。對付獨斷專行的人就像馴馬，一不小心就會栽跟頭，可是當你有能力駕馭這種下屬時，他們會成為你的左膀右臂。有些經驗豐富的老闆還專選這樣的人才，這也是很有道理的。

在一個企業中，難以對付的下屬太多，對中階主管來說是很不利的。一般來說，一千個下屬中有三五個還好對付，再多，麻煩就大了，但是，你只要努力克服與這種下屬的對立意識，就能順利指揮他們。要克服這種對立意識，爭取難以對付的人，首先要認真分析為什麼會產生對立意識。在一個企業裡常會出現這樣的情形，有些下屬總是不能認真執行中層的指示，因此，中層平時就很少把重要的工作委派給這種下屬。長此以往，彼此間便會產生對立意識，這種人就成了團體的包袱。

一個企業中出現了「包袱」，別人會認為這個企業的管理者沒有能力。反之，如果你能充分調動難以對付的人，別人自然會對你做出很高的評價。這種差距往往就決定著你的前途。

中階主管必須清楚，對那種棘手的下屬而言，誰也不會輕而易舉的接收。因此，對付這種人，唯一的辦法還是該思考如何運用他們，如何讓他們積極工作。

如果中階主管對這種下屬採取不予理睬或壓制打擊的方法，必會為自己帶來無窮的後患。你不理這種下屬，他會跟你唱反調，處處貽誤你的工作，拆你的台。你若想打擊壓制他們，他們是刺猬，一腳踢上去，恐怕要讓你叫苦連天，因此，中階主管要學會運用這種棘手的下屬。

既然他們是刺猬，你就以「刺猬的原理」來考慮彼此的心理距離問題。我們知道，刺猬是渾身長滿針一樣刺刺的小動物。冬天來臨時，若把幾隻刺猬放在一塊，就會發現牠們也會彼此把身體擠在一起。如果他們靠得太緊，就會傷害對方；如果離得太遠，又無法取暖。因此，刺猬和刺猬相處有一個既定的距離。人們彼此間的心理距離和刺猬之間的距離有些相似。特別是中階主管和棘手下屬之間，維持一定的距離非常重要。離得太遠，不利於管理；靠得過近，又當心被其傷害。只有在一個合適的距離下，才能牽好這種下屬的鼻子。

第四章　文武雙全的「多面高手」

中階主管是企業裡面責任最大、負擔最重、風險最高的管理職位。中階主管就是風向標與助推器：既要引領部門的工作方向，又要助推部屬的工作。你必須是文武雙全的「雙面高手」，還必須拿得起、放得下，更是勇於承擔責任、勇於對結果負責的「真英雄」。

能夠主動承擔

中階主管如何才能成為一個合格的中層？那就是必須要勇於承擔，因為承擔是能力的具體展現。在老闆眼中，中階主管的承擔力尤為重要，它代表了一位中階主管的能力如何，也顯示了自身的潛力。毛遂自薦是最常見的一種承擔方式。在公司需要的時候主動請纓，不僅為公司貢獻了力量，更在上級心目中留下深刻的印象。

不少中階主管都有這樣一種錯誤的觀念：只要管好自己的部門就行，至於其他部門和全局的發展、決策等，都不是自己該操心的事。就算有了難題，自有老闆去處理，藏拙守本才是最重要的。但是，任何一個企業老闆不僅期望中階主管做好本部門的事，還希望他能夠在關鍵時刻從大局著眼，主動挑起大梁。這樣的中階主管，在老闆眼中無疑是最有分量的。

中層要成為優秀的管理者，必須跟「三拍」告別。什麼是「三拍」呢？就是：拍腦袋決策；拍胸脯表態；拍屁股走人。不做調查，沒有研究，心血來潮就出主意、做決策，就是拍腦袋決策；上級詢問，又信誓旦旦，胸脯一拍表示「沒問題」，就是拍胸脯表態；當最後問題來了，則丟下一個爛攤子溜之大吉，就是拍屁股走人。「三拍」是極不負責任的表現，有這樣的中層，無論對企業還是單位，都是十分可怕的，而且「三拍」也會為中層本身帶來極壞的影響，甚至會自毀前程：因為沒有任何一位老闆願意重用這樣的中層。與「三拍中層」相反，所有的棟梁型中層都有如下的共同點：強烈的責任感，不敷衍，不推卸。

第一，最好的中階主管必然是具有魄力的幹部，面對公司的弊端，他不會逃避，而是想辦法來解決。第二，創新、革新要有針對性和可行性，不能大而空，這樣將不利於貫徹執行。第三，創新、革新不能過於激進，急於求成，也就是說宜緩不宜急，就像一列行駛中的火車，急轉彎的後果很可能就是翻車。第四，要對自己的革新對象有足夠的耐心。對於每一個剛誕生的新事物，員工都會有一個接受的過程。

別人不願意做的事情，你若能承擔，無疑是為企業做出了不小的貢獻。別人最不願做的事你願意做，才能展現你的境界；別人最不敢做的事你敢做，才能顯示你的才能和魄力。這樣的中層才是領導者眼中最值得信賴的棟梁之才，不是一勞永逸，而是不斷超越。在很多中階主管中，都存在著這樣一種現象：由於優秀，被上司提拔到中層的位置上，但是，在此後的很長時間內都停滯不前，沒有發展。很多中階主管都曾經或正在經歷這樣的發展瓶頸。為什麼呢？原因就在於這些中層停留在自己過去的優秀中，只圖安逸，沒有超越。承擔得越多，獲得的信任越大。成功的中階主管，必然是最有承擔力的。你承擔得越多，企業對中層的信任也就越大。

成為下屬的助推器

企業中最重要的職位是哪個？很多人認為是企業高層管理者，是的，對於規劃企業遠景和策略，高層管理者固然非常重要，但是如果沒有人去落實和執行，企業的規劃就只是一堆廢紙而已。因此，企業中最關鍵的群體是領導基層員工執行企業策略和計畫的人，也就是中階主管。

很多企業失敗的原因並非策略失誤，更非員工都是無能之輩，而是中階主管在傳達和執行企業策略的過程中出現了問題。火車跑得快，全靠車頭帶。這是我們常常聽到的帶有誤導意味的話，它的意思很明顯：企業老闆是企業發展的關鍵。但在現實又是如何呢？常常出現這樣一種情況：車頭已經到達了終點，而車身和車尾還在原地。這並非天方夜譚，而是實實在在存在於很多企業中的一種現象。

書瑋是一名具有出色策略思維的企業家，對自己所領導的集團有著清晰的構想，對未來應該如何行動也了然於心。但是，由於地處一座中等偏下的小城市，集團缺乏一支出色的中層管理團隊，因此，書瑋幾乎每一個策略構想都無法得到妥善的落實和執行。對此，他感到十分苦惱。像書瑋這樣的企業家不在少數，他們是出色的企業家，卻沒有一支卓越的中層管理團隊，再傑出的策略也無法轉變為現實。車頭固然很關鍵，但是一旦中間的車廂出現脫節，那麼，企業策略就永遠都不會得到實施。我們時常告誡一些老闆：「當你企業裡的中階主管對你說『火車跑得快，全靠車頭帶』一類的話時，那就意味著他們在將責任往你們身上推。儘管這句話讓你聽得心裡很舒坦。」

中層脫節是很多企業存在的問題，這一問題追根究柢，則是主任、經理、主管的問題。中階主管是決定企業成敗的關鍵。不僅是因為他們的管理方式和思路決定著企業的績效，還因為他們履行著策略轉換和實施的職責。但是，很多中階主管缺乏這一方面的能力，在執行職能的過程中，他們常常偏離企業的策略規劃，最終導致距離企業目標越來越遠。

那麼，中階主管如何才能提高自己的效能，成為下屬的助推器呢？身為企業的中層，在實施企業策略目標時需要關注以下一些問題：

如果偏移了企業整體的目標，你將帶領的部門將會走在一條毫無效率的道路上。對於中階主管來說，應該站在企業整體的角度上思考問題，根據企業整體的發展需求設定部門的目標。

部門的目標必須具備一定的挑戰性。沒有人願意去做沒有挑戰性的工作，至少對於那些渴望展現自身價值的員工來說是這樣的。因此，中階主管要對部門員工的能力和願望進行深入了解，在此基礎上設定出一個合理的目標。一旦目標設定合理，你將發現這一目標是激發員工熱情的最佳工具。但請你記住：絕不能因目標過高導致員工喪失信心。儘管目標需要有挑戰性，但是過高的目標容易使員工產生挫敗感。最重要的一點是，不要讓你的員工忘記目標。時刻牢記目標是達成目標的基本原則之一，很多員工容易陷入到某個具體的細節之中，從而忽略整體的目標。身為中階主管，你需要時刻提醒大家不要忘記企業的整體目標。

當然，設定一個合理的目標是一項系統的工作，它需要中階主管對企業與部門中的每一位員工都有著深入的了解。如果你帶領的是一支銷售隊伍，那麼，你還需要對市場和競爭對手進行深入的了解。唯有如此，你才能夠設定真正合理的目標。很多中階主管因為無法設定合理的目標而遭遇失敗，他們將部門帶上了一條錯誤的道路，當大家意識到方向有誤時，一切已經晚了。企業的損失已經形成，而本部門的員工也失去了對他的信任。

實踐告訴我們：很多時候，儘管理論很美，但卻無濟於事。要在部門中獲得熱情是一門藝術，絕非理性能夠解決。獎勵的基本元素是平等、價值和成就感，就像繪畫離不開點、線、面一樣。離開了平等，你採取再好的獎勵方式也無法激發人心。平等是人們心中最為重要的東西，如果你在部門中不能平等對待你的員工，你將會發現熱情永遠都不會出現在你的部門之中。價值則是人們投入熱情的根本原因。如果人們在從事一項沒有價值的工作，相信沒有任何人會滿懷熱情。優秀的中階主管總是準確向員工傳達他們所創造的價值，以及這一價值所產生的社會影響。如果你能夠將員工的價值與一項偉大而持久的事業做連結，你將發現所有的成員都會變得不一樣。就像默克公司將每一位員工的工作與「醫病救人」這一偉大使命結合起來一樣。

無論本部門取得多麼小的成績，中階主管都不應該忘記慶祝。因為這是傳達成就感的最佳時機，尤其是對那些使部門取得成績的員工來說，他們將在這樣的慶祝中獲得最大化的成就感。曾經有人訪問過一位傑出的企業家，當問到「為什麼你的員工總是充滿熱情」這一問題時，他直截了當的回答說：「慶祝，不停的慶祝，即便是沒有什麼事情值得慶祝時，也要找出一些理由來慶祝。在慶祝時，你會發現每一位員工的熱情都會被激發出來。」

授權問題已經成為很多中階主管關注的話題。他們一直在討論如何授權，但在行動方面卻表現得猶豫不決，他們有太多的顧慮，太多授權失敗的案例使得他們思前想後。但有一點是肯定的：無論你願不願意授權，你都必須授權，否則，你將陷入繁忙而無效的工作狀態之中。這對於你和你的部門來說都不是一件令人安心的事。

為什麼很多中階主管怕授權？這一問題的答案有很多種，最典型的莫過於：不放心員工。如果再問上一句「為什麼不放心員工？」答案將會有很多種，「他們的能力不夠」、「他們缺乏責任心」等等。你很快就會發現，問題的關鍵並不在於授不授權，而是在於缺乏良好的管理措施，中階主管擔心員工不能履行自身的職責。事實也是如此，對於很多中階主管來說，他們並不是反對授權，而是因為缺乏完善的管控機制，擔心一旦放權後，很多任務無法按時完成，部門將失去控制。因此，中階主管在授權這一問題上，首先應該考慮的是如何才能夠有效授權，只有在你的部門擁有了可以有效授權的條件之後，你的授權才是有效的。很多授權失敗的案例都證明了這一點：如果沒有完善的管控體系，授權只會引來災難。

授權的目的是對員工提出更高的要求，要求他們不但要去做你安排給他們的工作和任務，還需要主動尋找一些對團隊發展有益的事去做。當每個員工都能夠對自身進行有效的管理時，企業將順其自然的獲得高績效。

勇於承擔責任

自我管理型企業是當今比較流行的一種組織形態。全錄、奇異、百事可樂等公司都是推行自我管理團隊模型的典型代表。這種企業通常有很強的團隊精神，但是也有其不完美的地方：團隊內部成員管理起來比較混亂，大家都覺得自己無權干涉對方，或這件事情不是由自己負責，不該過問等等。

需要注意的是，如果你是自我管理型企業的中層，就要非常注意對這種團隊的監控了，當然也包括授權工作。因為你的一舉一動都可能讓團隊中的成員誤認為你對某人的偏愛，而一旦團隊成員對你產生誤解，你再去安排其他工作時，就會產生各種不必要的困難。但同時，你又不得不和團隊中部分成員保持良好的溝通關係，甚至是私人關係，以便更好的了解大家對團隊一些決策和問題的看法，並把這些情報類的資料作為日後管理和決策時的參考依據。所以在這樣的團隊中，管理者通常在表面上和每個員工保持近似相等的距離，但在私下又不得不和一些人進一步交往。結果根本沒有盡到自己的責任。他們沒有像下面案例中的休斯那樣，盡到一個中階主管的責任。

休斯在一家公司銷售經理期間，曾面臨一種最為尷尬的情況，由於推銷員聽到公司財政困難的消息後，工作熱忱下降，銷售量直線下降，情況極為嚴重。這很可能會導致休斯及其手下的數千名銷售員一起被「炒魷魚」。

銷售部門不得不召集全體銷售員開一次大會，休斯主持了這次會議，他請幾位最佳銷售員站起來，要他們說明銷售量下降的原因，這些推銷員在被叫到名字後，一一站起來，每個人都沒有講自己的責任，只是從客觀環境中去找原因，如商業不景氣，資金缺少限制了購買力，人們都希望等到總統大選揭曉之後再買東西等等。

當最後一個銷售員開始列舉他無法達到平常銷售額的種種困難時，休斯突然跳到一張桌子上，高舉雙手要求大家肅靜，然後說道：「我建議會議暫停十分鐘，我得先擦擦皮鞋。」隨後，他要坐在附近的一名擦皮鞋的黑人小工友去替他把鞋擦亮。在場的銷售員都驚呆了，以為他們的經理突然發瘋了，於是便開始竊竊私語。同時，那位黑人小工友開始給他擦起了皮鞋。由於休斯在桌子上站著，所以小工友嫻熟的擦鞋動作大家都能清楚的看到，只見他不慌不忙擦完一隻，又去擦另外一隻，表現出了一流的擦鞋技巧。

那位小工友皮鞋擦完後，休斯像往常那樣給了他一角錢，然後開始發表他的演講：「我希望在座的每一位都要好好看看這個孩子，他擁有在我們整個工廠及辦公室內擦皮鞋的特權。大家一定還記得，他的前任年紀比他大得多，是位白人小男孩，儘管當時公司每週還補貼他五美元的薪水，且工廠裡有數千名員工，但他仍然無法從這個公司賺取到足以維持他生活的費用。這孩子卻可以賺到相當不錯的收入，不僅不需要公司補給薪水，每週還可以存下一點錢來，而他和他前任的工作環境完全相同，也在同一家工廠裡工作，工作對象也完全相同。我現在問你們一個問題，那個白人小男孩拉不到更多的生意是誰的錯？是他的錯，還是顧客的錯？」

推銷員不約而同大聲回答說：「當然是那個小男孩的錯。」休斯回答說：「正是如此，現在我要告訴你們，你們現在推銷收銀機和一年前的情況完全相同，同樣的地區，同樣的對象以及同樣的商業條件，你們的銷售成績卻比不上一年前，這是誰的錯？是你們的錯還是顧客的錯？」同樣又傳來如雷般的回答：「當然是我們的錯。」「我很高興，你們能坦率承認你們的錯誤。」休斯繼續說，「我現在告訴你們，錯誤在於你們聽到了本公司財政發生困難的謠言，這影響了你們的工作熱情，因此工作不像以前那樣努力了。只要你們馬上返回自己的銷售區，並保證在以後三十天內，每人賣出五台收銀機，那麼本公司就不會再發生什麼財政危機了，以後賣出去的都是淨賺的，你們願意這樣做嗎？」大家都說願意，後來果然辦到了。

每個人都有犯錯的時候，即使已經成為中階主管，也絕不可能不犯錯誤。如果你的部屬已做了某項工作一段時間，並且知道該怎麼做，卻出了差錯，這時你必須要履行作為管理者的職責，及時對他們的差錯提出有效批評，讓他們清楚意識到自己的過錯。

身為中階主管，誰不希望盡職盡責把工作做好？但由於有些中階主管個人素養一般、管理藝術不夠高超。任人唯親、任人唯錢而不是任人唯才。現在某些中層用人不是看人的才能，而是看這個人是不是自己的親戚，這個人是不是自己的嫡系，這個人是否曾經給過自己好處。這種中層根本不應該坐在管理職位上。任用這種中層的企業，將無法充分利用、開發人才潛力，最終影響企業的發展，甚至有垮掉的危險。個別中層為人過分苛察，總是雞蛋裡挑骨頭，喜歡找碴；也有個別中層不容許下屬犯錯誤，一點小事就揪住不放，大會小會批評，有點問題就小題大作，動輒就要嚴肅處理，或者因為一點小錯誤就把人貼標籤了，認為這個人不堪造就，不值得提拔。尺有所短，寸有所長，中階主管用人如用器，要學會寬容下屬的短處，開發、利用下屬的長處。有些中階主管看關係養閒人，這些閒人什麼事情都不做，只是當薪水小偷而已，中層認為這些人雖然不能做出貢獻，但也不會有什麼害處。其實這嚴重影響了團體的效能。

中階主管在用人的時候一定要使所用之人都為企業帶來一定的利益，否則只會影響企業的效率，甚至危害到企業的前途。有些中階主管不善於鼓勵下屬。只會罵人而不會表揚人，光盯著下屬在工作中犯的錯誤不放，而忽略了下屬在工作中取得的成績。更有甚者，只要下屬賣命，而不給下屬一點獎勵、一點甜頭，這樣的中層就沒有盡到一個管理者的責任。

握好手中的指揮棒

無論是在武俠小說中還是電影裡，「獨行俠」大多是頂天立地的英雄，擁有絕世無雙的武功，卻注定成不了一呼百應、統率江湖的武林盟主。他們沉默的獨來獨往，所有的問題都自己一肩挑，既不承擔別人，也不讓別人為自己承擔。一個獨來獨往的主管，不可能和他人有良好的溝通，不可能和別人默契的合作，更不可能承擔起企業成長和發展的重任。因此，可以下此斷言：好的主管絕不是獨行俠。

其實，很多主管之所以覺得太累太辛苦，就是因為在無形中將自己放到了獨行俠的位置上，不願意和團隊溝通。這是中階主管在工作中最大的忌諱。

那麼，如何才能握好手中的指揮棒呢？我們給出以下四點建議：首先要制定有效的目標，身為統領全局的指揮家，必須要有明確有效的目標，方能帶領團隊朝著共同的方向前進。第二，積極的與上級主管溝通，得到他的支持和幫助，使其了解我們的目標及達到目標的方案。得到上級的支持和幫助，是高效完成任務的關鍵。第三，了解團隊每一位成員的優勢與劣勢，對於團隊成員的特長及弱點要有充分的了解，才能準確合理的分兵派將。第四，把目標細分，分派合適的人負責具體的任務，並根據確定的目標制定具體的實施步驟。當我們把握了這四個要點後，就不難成為一個團隊最好的指揮家，讓團隊合唱出最動聽的歌聲！

懂得進退取捨

孟子說天時、地利、人和，告訴中階主管要把握出擊時機、看準地勢、鼓舞士氣才能取得成功。不顧外界的條件，單憑主觀的意志，收到的效果往往是事倍功半，更有甚者是賠了夫人又折兵。凡

懂得進退取捨

事都有輕重、緩急、先後，不會忍耐、不懂得進退取捨的中階主管，不知道在什麼時候應該停下腳步、什麼時候應該大步邁進。

中階主管具備競爭意識、進取精神是理所當然的。但是有些中層往往不顧外在環境的具體境況以及自身具有的實力和潛能，盲目奮進，從而導致失敗。而德國總理安格拉．梅克爾很好的避免了這種情況。

二〇〇五年十月十日，經過三週的艱苦談判，德國聯盟黨和社民黨同意成立聯合政府，與此同時，德國歷史上的首位女總理也由此誕生——安格拉．梅克爾出任德國新一屆總理。

一九八九年，並不熱衷政治的梅克爾突然迸發出對政治的極大熱情，她積極投身於政治活動，開始了她的政治生涯。梅克爾在政治上沒有後台支持，她明白必須透過默默的個人奮鬥和公平、有策略的較量來展示自己的才華，在其他方面超過同輩，才能贏得別人的尊重。這種從小形成的性格培養了梅克爾極佳的環境適應力和自強不息的心志。她深深懂得，只有在順其自然中把握機遇、充分發揮自己的實力，才能走向成功之路。

讓她政治生涯平步青雲的人就是德國前總理科爾。是他這個「政治教父」，讓梅克爾在內閣中嶄露頭角。是他讓梅克爾在科爾政府裡擔任了婦女與青少年部部長，同年成為了基民盟史上第一位女副主席，之後，梅克爾擔任聯邦環境部長。在科爾的提攜下，梅克爾的仕途可謂蒸蒸日上，科爾曾親切的稱她「小女孩」。德國媒體也因此一直把她叫做「科爾的小女孩」。

劇作家尼爾．賽門決定是否將一個構想寫成劇本前會問自己，答案如果是：「這會是一個好劇本，但需花費一兩年的時間。」賽門就不會寫。遺憾的是，大多數人一直到他們的生涯走了一大段路以後，才開始問自己這樣的問題。不值得做的事會消耗時間與精力。用在一項活動上的資源不能再用在其他的活動上，而不值得做的事所用的每一項資源都可以被用在其他有用的事情上。梅克爾自始至終都不會出現這樣的問題。

二〇〇〇年四月，她被選為基民盟主席，這位女物理學家在成為「西德有錢老男人俱樂部」的當家人的同時，也成為了德國歷史上首位女性大黨主席。「梅克爾告訴過我，她的每一步，其實是用非常科學的邏輯仔細精算過的。她很明白的說，她要科爾的這個位子，但是她要自己一個人做，不靠男人。」她的基民盟同僚說。「梅克爾在內心也許是多愁善感的，但她的自制力令人驚訝，而且，她能非常迅速的以一種十分冷靜的方式分析，使權力鬥爭得到有利於她的解決。」一個下議院議員如此評論她。

梅克爾上台之初的根基並不穩固。面對這種情況，她以科學家的冷靜和睿智沉著應對各方面的壓力。在德國總理大選中，民意調查顯示由基民盟和基督教社會聯盟組成的聯盟黨支持者中，有百分之四十六的人擁護基社盟主席斯托伊貝當選總理，梅克爾的支持率僅為百分之二十八。梅克爾審時度勢，沒有急於爭鋒，毅然決定放棄競選總理的機會，主動推舉支持率高於自己的基督教社會聯盟主席埃德蒙德．斯托伊貝作為聯盟黨的候選人參選。最終，斯托伊貝在與施若德的對陣中以很少的票數落敗，梅克爾成了最大的勝利者，她在關鍵時刻的顧全大局獲得聯盟黨一致好評。梅克爾從此確立了在黨內的絕對領導地位，並順利成為總理候選人，被賦予了改革的希望。

正如美國管理學家Weihrich所說：「好的中階主管是站在企業角度想問題，立足自己職位做事。」目前有很大一部分中層雖然擁有了更多的經營資源和權力，但仍然保持服從、執行企業的決策方案，企業讓自己做什麼就做什麼，沒有自動自發的發揮其權力被賦予的決策作用，致使管理成效不佳。這就要求中階主管不要只知道擺問題，只問為什麼，而要能看出問題，提出解決問題的方案，不僅要知道是什麼、為什麼，而且知道怎麼辦。因此，對於一些中階主管來說，必須頭腦清醒、胸懷全局，能高瞻遠矚、運籌帷幄，既能提出可供上司拍板的建議，又能幫助員工認清所處的環境和形勢，指明活動的目標和達到目標的途徑，管理好全局。就如梅克爾一樣。

梅克爾從「科爾的小女孩」到獨當一面的政黨領袖，到坐上德國總理的寶座，走向政治權力的頂峰是如何實現的？一個其貌不揚的牧師之女，怎能潛藏著如此龐大的能量？從個人魅力來講，梅克爾貌不出眾，渾身上下沒有名媛淑女的高雅，反而給人一種「灰姑娘」的感覺。然而梅克爾認為：要想別人欣賞你，首先你自己要懂得欣賞自己。梅克爾自身的魅力就在於沒有魅力，她沒有那種令人望而生畏的「政治家魅力」，對於科爾事件，儘管她被冠以了忘恩負義、落井下石、投機取巧之罵名，但是梅克爾有著自己的原則。在通往權力的道路上，她不急於求成，也不刻意追求所謂鮮明的個人風格，而是遵循無為而治的原則，以簡單的原則判斷複雜事件的取捨，走順其自然的道路。她精於審時度勢，懂得進退取捨，能夠與人為善，女性的陰柔和忍耐在她身上得到充分展現。她在面對「導師」科爾的黑金事件時，單純的遵循客觀的對與錯，並且利用這樣的判斷和作為，確立了自己的領導地位。在面對競爭的時候，能耐心等待最佳的時機，順其自然的獲得自己的成功。斯托伊貝雖然沒有獲得勝利，但是欠了梅克爾一個人情，在後來的大選中，斯托伊貝自然大力支持梅克爾，並心甘情願為其捧場。

只有懂得利用外在環境和條件，學會審時度勢、進退取捨的人才懂得精益求精，才能抓住成功機會。政治家在各黨派之間周旋的時候，非常善於計算對手的計畫，正如漁民在出海之前習慣性的關心一下天氣預報。領導者也要學會觀察、分析時勢，估計情況的變化，對形勢始終保持清醒的認知。

善於抓住工作的重心

有一些中階主管不能認清形勢，看不到工作的中心，分不清主要矛盾和次要矛盾，結果將大量精力耗費在一些細枝末節的工作中，不僅無助於解決關鍵問題，且由於主要矛盾的存在，活局變成僵局，僵局變成死局。還有一些中層雖然認清了主要矛盾和次要矛盾，找到了工作中心，但不懂得抓重點，在各個方面的工作上平均使用人力物力，雖然最終解決了問題，但卻浪費了時間。有些中層雖然知道工作的中心，但是不懂得集中力量解決主要矛盾的道理，結果等到把容易的工作做完時，才發現錯過時機，解決主要矛盾的難度加大了，導致更多人力物力的投入。

安慶會戰是太平天國運動後期的一次重要會戰。由於安慶是天京（南京）上游的重要門戶，安慶一日無恙，則天京一日無險，安慶成了太平天國保衛天京的最後一顆棋子。這次會戰的結果直接影響了整個東南戰局，並最終導致了太平天國的覆滅。而曾國藩的策略思想則是湘軍勝利的最重要原因。

湘軍推進到太湖、霍山一線。李秀成等率軍攻克蘇州的時候，十分驚慌的咸豐帝急忙諭令曾國藩即統率所部兵勇，相機兜剿，以保全東南大局。但曾國藩表示：「吾但求力破安慶一關，此外皆不遽與之爭得失。」只是從安慶移營祁門，略表了一下姿態，卻按兵不動，而把眼睛死盯著安慶不放。因為他意識到，「安慶一軍，目前關係淮南之全局，將來即為克金陵之根本」。

曾國藩令其弟曾國荃率湘軍進扎安慶北面的集賢關。但在咸豐帝的一再催促下，曾國藩不得不將圍攻安慶的任務交給曾國荃，自率萬人開赴長江南岸，擺出一副東進的架勢。實際上，曾國藩把湘軍主力和戰將留在安慶周圍，不過是為了應付清廷，並牽制南岸太平軍，以掩護北岸湘軍奪取安慶。

為了救援安慶，太平天國安排五路大軍相繼進發，但是由於缺乏統一調度，結果雖然使清廷的湖北江西頻頻告急，但不能構成策略威脅。陳玉成的部隊逼近湖北省垣武漢，武漢兵力空虛，省垣眼見即下。湖北巡撫胡林翼由於有督撫之責，而向曾國藩求援。曾國藩和胡林翼交情很深，但是他還是不改攻取安慶的策略目的，堅持不撤圍攻安慶的湘軍。但為了緩解湖北的壓力，他也向胡林翼獻計，利用英國在武漢的力量，達到制衡太平軍的目的。結果陳玉成中計，失去了攻陷武漢、牽制安慶湘軍的一個重要機會。

失敗之後，太平軍改為直接救援安慶。派出數名大將統兵進逼安慶，期望一舉解救安慶之圍。曾國藩決心投入更大的兵力，與太平軍決戰於安慶。曾國藩自祁門移營至長江邊上的東流，就近指揮，同時安排大批援兵來抵抗太平軍的反撲。由於曾國藩在攻取安慶方面有非常明確的策略意圖，並且做了很充分和嚴密的軍事部署，最終粉碎了太平軍的救援計劃。不久，安慶陷落。

安慶會戰的勝利是曾國藩軍事策略的勝利。在曾國藩兵圍安慶長達一年多中，無數求援信、無數責難紛紛而至，但他始終沒有放棄圍攻安慶這一策略目的，終於獲得了成功。反觀太平軍，他們儘管在救援安慶上付出了極大的努力，但是從整個戰局上，他們的策略失誤正是忽略了安慶，乃至忽略了整個安徽。由於蘇常地區極為富庶且清朝的軍事力量較為薄弱，李秀成長期占據蘇常地區，期望以此抗拒湘軍，而不重視安慶之圍，從而削弱了救援安慶的力量。他至死都沒有意識到曾國藩據上游沿江而下這一高明的策略思想，從而忽略了安慶的重要性。而洪仁玕在血泊之中，才終於意識到太平天國最大的損失，是安慶落在清軍之手。如果說他過去模糊意識到了「倘安徽有失，則蛇中既折，其尾雖生不久」，那麼，從太平天國敗亡的歷史事實中，才使他真正清醒的意識到，安慶「此城實為天京之鎖陰而保障其安全者，一落在妖手，即可為攻我之基礎。安慶一失，沿途至天京之城，相繼陷落不可復守。安慶一日無恙，則天京一日無險。」這又從反面論證了曾國藩策略思想的高瞻遠矚。

在企業的工作中要善於抓住工作的重心和中心。中層在管理過程中一定要認清形勢，抓住工作的主要矛盾，抓住工作的重心和中心，才能制定出科學、準確和有效的決策。曾國藩在安慶會戰之前就清醒意識到了安慶戰局對於東南戰局的影響，以及對於奪取天京，鎮壓太平天國的影響。因此，他才不理會咸豐皇帝的諭令，不理會胡林翼的求援，不理會其他官員的責難，一力主張將戰局的中心放在奪取安慶上。這正是因為他意識到，對於太平天國而言，「安慶一失，沿途至天京之城，相繼陷落不可復守。安慶一日無恙，則天京一日無險」。因此，安慶會戰可以說是當時戰局的重心，只有奪取了安慶，占據上游之勢，才可以攻陷天京，才能最終鎮壓太平天國。因此，他首先解決安慶問題，並不惜耗費一年多的時間來圍城。這正是抓住了主要矛盾。但為了解決主要矛盾，他也並沒有忽視次要矛盾的解決。儘管他沒有理會其他戰場的求援，但是對於湖北省垣的戰局，他也出言獻計，這並不僅僅因為他和胡林翼的交情，而且因為武漢的重要性在當時僅次於安慶。省垣失守將會導致湖北戰局的被動，最終也會影響到安慶會戰。因此，武漢問題雖然是次要矛盾，但如果不妥善解決，也會影響主要矛盾的解決。曾國藩在安慶會戰中非常高明、非常靈活的處理好了主要矛盾和次要矛盾的辯證關係，最終保障了主要矛盾的解決，贏得了安慶會戰的勝利。

中階主管一定要認清形勢，分清中心問題和邊緣問題，這是正確解決問題的關鍵。可以說，要認清形勢，正確區分主要矛盾和次要矛盾，找到問題的關鍵點。特別是在資訊社會中，要分辨出關鍵點，不是靠簡單的找點資料，然後閉門思考幾天就可以解決的，它往往需要中階主管具備敏銳的洞察力和鑑別力，有豐富的知識底蘊，具備較強的專業素養、縝密的邏輯推理和分析問題的能力。在現在的資訊社會，由於資訊量的增加，制定一個決策所面臨的形勢往往十分複雜，有時僅僅依靠中階主管個人的智慧、靠簡單的拍板是不能解決問題的。因此中階主管在確定工作重心的時候，要發揮民主的作用，不能武斷的做決策，而要根據所掌握的資訊，認真進行分析，以此來確定工作重心，找出主要矛盾，這樣才能保證決策的科學性和正確性。

提升下屬的責任心

電腦的安全依靠的是防毒軟體，下屬的責任心就是企業的防火牆。其實許多企業巨人轟然崩塌與員工的責任心缺失有關；員工的責任心缺失，又與企業經營員工責任心的能力不強有關。那麼，負有管理責任的中層如何利提升下屬的責任心呢？

某商廈發生超大火災，造成五十四人死亡、七十餘人受傷，經濟損失難以估量，對社會的負面影響更是難以用數字估計。導致這場超大火災的直接和間接原因是什麼呢？事後查明原因有三：一是火災是由商廈雇員在倉庫吸菸所引發；二是在此之前，商廈未能及時整改火災隱患，消防安全措施沒有得到落實；三是火災發生當天，值班人員又擅自離開工作職位，致使民眾未能及時疏散，最終釀成了悲劇。這三方面無一不涉及員工責任心缺失的問題。

需要下屬表現責任心的地方，並不一定都馬上涉及企業的生存，有時往往是那些看似無大礙的小節之處。這些小節的累積，就注定了企業的命運。

有些客戶服務部門的員工講述自己部門的祕密：「下班時得趕緊跑，不然晚了遇到顧客投訴就耽誤了回家。即使有電話也不要輕易接，接了就很可能成了燙手的山芋。」乍看之下微不足道的小事，卻恰恰反映了員工的責任心。而正是這些展現員工責任心的細小之事，關係著企業的信譽、信用、效益、發展，甚至生存。

我們知道，員工的責任心展現在三個階段：一是做事情之前，二是做事情的過程中，三是事情做完後出了問題。第一階段，做事之前要想到後果；第二階段，做事過程中盡量讓事情向好的方向發展，防止壞的結果出現；第三階段，出了問題勇於承擔責任，勇於承擔責任和積極承擔責任不僅是一個人的勇氣問題，而且也標誌著一個人是否自信，是否光明磊落，是否恐懼未來。

那麼，中階主管該如何提升員工的責任心？答案是，「綜合治理，多管齊下」——科學設計流程、強化管理、行為教育、點亮員工的心燈，中階主管應率先垂範。這些都是中階主管完全能夠做得到的、能夠做好的事情。

中階主管要想保證員工盡職盡責，首先，要科學設計業務、服務和管理等所有工作流程，從流程上確保工作品質。只有流程科學合理，才能達到高效率。如果中階主管把工作流程嚴格的規定出來，要求員工必須完成所有程序，員工也就有章可循、有的放矢了。什麼叫管理？管理就是把複雜的問題簡單化，簡單問題流程化，流程問題表格化。僅流程化、表格化還不夠，還應該標準化。標準化是流程設計的最高要求，對工作理解把握得透徹與否，決定著流程設計標準化的品質。

所有的管理事務工作都應流程化、標準化。沒有流程化和標準化，就很難統一要求，每個人都由著個人的性子來，企業競爭力也就無從談起。只要中階主管把流程設計得科學合理，做到標準化，那麼所有參與工作的人的職位責任也就設計進去了；只要照此流程和標準去做，員工自然也就盡職盡責了。

主管按照流程和標準要求員工，而要求的內容，就是制度。制度是從物質上、精神上等多方面約束，強迫員工按照流程標準來做、強迫員工盡職盡責的手段。如果說流程是流水的鋼管的話，那麼制度就是鋼管之間的鉚釘。企業要透過制度，讓員工明白違反流程、不盡職的代價是什麼？監管是中層管理工作所必備的，監管分傳統人力上的監管和技術上的監管，隨著工作複雜程度的提升，技術監管越來越重要。制度是條文性的東西，有了制度沒有人監管，等於沒有制度。監管者首先自己要遵守應該遵守的制度，其次還要破除情面，不徇私情，監管同樣需要智慧，需要原則和靈活相結合。如果說制度是鉚釘，那麼監管就是上鉚釘的工具，它可以讓鉚釘緊，也可以讓鉚釘鬆動；它可以讓管道暢通，也可以讓管道堵塞起來。所以監管直接決定著流水的管道、流水的效果。

僅有流程制度和監管，員工就一定按流程和標準做了嗎？顯然未必，還要透過行為教育。如果說流程和管理工作是硬性的強迫性約束，行為教育則是讓員工自願接受約束，起到春風化雨的作用。行為教育分兩部分：一部分是對工作人員進行培訓教育，另一部分是中階主管的示範作用。

對工作人員進行培訓教育，是中階主管最基本的職責之一，也是中層責任心的展現。要想讓每一名工作人員的責任心都充分展現出來，必須讓員工學會遵守工作流程，嚴格按工作標準工作，不違反工作制度，自覺接受組織監管。要做到這一點，必須對員工進行培訓、教育。

行為教育最好的方式就是中層身體力行。想要員工有責任心，中階主管必須身體力行，起到模範的作用。中層一正能壓百邪，中層邪一寸，下屬能邪百里。如果只是要求一般的工作人員按照流程和標準做，要求一般工作人員嚴格按制度辦事；身為中階主管，卻超越制度和監管，出了問題，率先逃避責任，那麼無論怎麼培訓教育，員工的行為也不會好到哪裡去。有些中層愛面子，覺得懲罰自己是件丟人的事情，這是不夠自信的表現。只有中階主管勇於負責任，員工才會願意負責任。中層都擔負不起責任來，一般員工的肩膀又能扛得住多大的責任重擔呢？如果中階主管勇於擔責任，那麼員工就會不懼怕犯錯誤，就會勇於創新，大膽探索，為企業的發展獻計獻策，盡職盡責，這樣，企業豈有不發展之理？

站穩這個高風險職位

中階主管是企業裡面責任最大、擔當最難、風險最高的管理職位。雖然從老闆那裡獲得了權力，然而在使用權力的過程中往往會遇到各種阻礙；雖然也出些成績，但對企業總有陌生感；雖然身處管理層，總感覺不踏實，隨時有滑失的危險。究其原因，是中階主管融入企業文化的深度不夠，不澈底、不全面，這也是中階主管不合格的一種表現。

在企業管理中，許多中階主管在使用權力過程中，以為只要做到充分授權，把權力分解下去，把對應的責任、利益界定清楚，然後坐等下級的喜報就是了。其實事情並沒有這麼簡單，這樣的結果等來的很可能是麻煩。有的中層非常懂得鼓勵下屬，然而企業的績效仍不理想，根本原因是什麼？有的歸因於員工素養差，有的歸因於老闆插手，有的歸因於資源不夠，有的歸因於項目不好……事實並非如此。根本原因就是中層融入不到企業裡面。中階主管之所以融入不到企業文化中，主要表現方式有三：

第一是心浮。中階主管趕往一家企業後，儘管有部門歸自己管理了，但在心理上還沒有適應，還停留在過去的文化中，總想拿原公司的文化習慣同現在的比，在心裡比來比去，根本就沒有深入進去，所以心浮。

第二是身飄。中階主管進去一段時間以後，經過比較，發現這裡的企業文化和過去自己習慣的企業文化相比，有諸多缺點，於是不認同新的企業文化。但也明白這樣的文化其實自己改變不了，又擔心時間久了自己會被汙染，所以時刻想溜，但暫時又沒有可去之處，怎麼辦？就保持一種出淤泥而不染的清高狀態，儘管天天鼓勵員工打拚奉獻，自己卻像進了疫區一樣戴著口罩工作，懼怕與企業更多更深層次的接觸，這叫身飄。

第三是冒進。有些中階主管進入企業後發現企業的文化習慣與自己的行為習慣不一致，就認為不好，就想改變，於是利用手中的權力大膽的變。儘管自己天天大講特講，各種制度輪番發表，甚至大換員工，結果卻弄得一團糟。根本原因就是，部門成員無法適應你的新文化，想反抗又不敢，但心理上是牴觸和反抗的，表現在行為上就是軟抵硬抗；繼而部門成員之間默契配合，證明新來的管理者是錯誤的。試想，部門成員團結一致證明你是錯誤的，你還能做出好的成績嗎？這叫冒進。

上面談到的三種對待企業文化的錯誤方式，都不可能為企業帶來正面的效果。如果中階主管不能融入企業文化，漂浮在上面。這時，企業文化就如同風一樣，看不見，摸不著，卻時刻侵蝕著你的感覺。所以，中階主管要鼓勵員工、讓員工做出績效時，首先應讓自己融入企業文化，自覺接受企業文化的薰陶和鼓勵。只有自己認同企業文化，被企業文化薰陶和感染，才能鼓勵下屬；否則，自己都不信，還能讓下屬信？自己都不能被鼓勵，下屬如何被鼓勵？不能被鼓勵的團隊，又怎能做出績效？那種不管三七二十一，上來就想改變企業文化，甚至利用手中的權力強迫團隊成員按自己習慣行為辦事的做法，實屬法西斯作風。試想，處於恐懼狀態的團隊成員，怎麼能被鼓勵？不能被鼓勵的團隊成員，又怎麼能做出成效？

中階主管並非不能改變既有企業文化，但那不是簡單的靠權力就能立即做到的，而是當你完全融入團隊，帶領團隊成員創造好的績效，團隊成員被你的影響力所吸引和聚集，你成為企業的強勢群體之後，企業文化才能自然而然的打上你的烙印。

如何融入企業文化，則涉及中階主管的職業素養問題。中層的職業素養等於職業道德加職業修養。其中，職業道德主要包含「責任」、「忠誠」兩方面；職業修養包含著一個職業經理人個人的涵養，一個優秀職業經理人應該擁有活潑的思維、健康正向的心態，全力以赴做事，客觀準確的認知自我，善於學習、富有團隊意識，並能及時總結。

中階主管要想融入企業文化，首先應該具備良好的職業素養。如果中層擁有良好的職業素養，自然也就會按如下步驟做：

1　肯定企業既有文化

中階主管的威信不是靠板起臉孔、大聲說兩句話就有的，主要靠自己帶領團隊成員持續不斷的打勝仗。一旦不能帶領大家打勝仗，自然也就沒有威信了。有些中階主管一上任就試圖把自己的想法帶入組織，約法三章，大家應該如何，不應該如何……這是沒有任何效用的。

中階主管應該這樣看，儘管新加盟的企業有諸多的不是，但畢竟企業活到了現在，為什麼？存在即有它的合理性，身為一名中階主管，首先應明白這個道理，首先肯定這個合理性，肯定企業原有的文化，才能接受企業的一些既定做法。如果你看不慣這些做法，上來就改，其實就是在改變企業存在的合理性，那對企業意味著什麼？不言而喻。現實中許多中小企業，就是在中階主管的換來換去中，把企業原來存在的合理性改丟了，企業自然也就垮了。因此，中階主管應首先肯定企業既有文化的合理面，只有這樣，才能為自己適應企業文化奠定思想和情感基礎。

2　學習企業既有文化中的合理面

身為中階主管，在肯定企業文化的基礎上，還應積極的學習企業文化中合理的一面。只有把原來的生存之道學好了，學到家了，才能創新。中階主管應該首先學習企業既有文化中優秀的一面，真正參透原來的企業文化，才能真正談得上應用企業文化，才能適應下來，生存下來。

3　融會貫通，創新發展

中階主管在學習和參透企業既有文化後，才能做到知己知彼，做起事來有的放矢，才會有效果；只有學到企業既有文化的真諦，才能夠融會貫通，才能添加自己的思想，並能結合時代、市場形勢的發展變化，去創新和發展，才能夠帶領團隊打勝仗；只有打了勝仗，組織成員才能接納你，才能主動聽從命令，主動被管理、被指揮，才能形成真正的團隊，大家才能齊心協力處理事情，在此基礎上，團隊才能持續打更大的勝仗；只有打了更大的勝仗，大家才能真正佩服你；只有當大家服你，才會心悅誠服的認同你更多做法。

4　實現個人風格和企業文化的無縫對接

部門成員認同你後，也就認同了你的風格，你說什麼大家就會聽什麼，你讓大家怎麼做大家就怎麼做。這時，你的個人作風自然而然也就融進了企業文化。其實，這時你會發現，你的風格中本身就包含著企業既有文化的基因！因為經歷了上述的過程，你首先融進了既有文化，然後再加上了自己的思想智慧，加上自己的個性特色，組織自然也就有了你的個性烙印，也就是實現了企業組織文化和你個體風格的對接，這樣的對接是無縫隙的，對組織發展是有利的，並且對個人的職業發展也是有正向作用的。

很多中階主管不僅不能做到以上幾點，反而一上來就大刀闊斧，把自己的想法強加給團隊，聲稱：「不換思想就換人！」有時，換了思想也會換人，因為只是某個成員和你對接了，整個企業文化沒有對接，他換了思想，反而不適應現有企業文化了，這是中階主管的「強盜」邏輯帶來的後果。

中階主管剛走馬上任就想強行讓組織接受個人作風，弱者讓強者低頭屈服，這在根本上是違背邏輯的，是不可能成功的。有人會說，中階主管這樣做也有活下來的。但這是以整個企業的龐大犧牲換來的。企業遇上這樣的中層，少則動盪個三五月，多則兩三年。因此，中階主管一旦把個人風格強加給企業，最終的結果只能是三敗俱傷：先傷組織成員，進而傷自己，最終傷整個企業。

中階主管還得防止走向另一個極端：當自己和企業文化對接，帶領團隊打了一個又一個勝仗時，便形成了絕對權威，企業內對中階主管形成了崇拜，經理人說什麼都信，說什麼都對，讓其他人做什麼都行，這時的企業文化又走向了另一個極端——盲從文化。

企業組織一旦形成盲從文化，距離集體瘋狂也就不遠了，這也是企業組織最危險的時刻。其結果有兩種可能：一種是把企業帶向懸崖深淵；另一種功高震主，中階主管被調職。如果中階主管在組織成員都處於盲從狂熱時被調職了，企業又必將陷入下一個大換人的輪迴。企業上下因為適應了盲從文化，會以挑剔的眼光看待企業未來的每一位中階主管。無論這個中層多有本事、多有名氣，都很難戰勝盲從文化在企業成員心中的地位和影響力。於是，「不換思想就換人」的鬧劇又將在所難免。

從優秀中層到卓越中層

一位企業管理學者在描述一位中階主管從優秀到卓越的必備條件時曾說：「他們奮不顧身的衝向廣闊的經濟戰場，開闢出一片又一片創新的領域；他們具有探索者的好奇心、發明者的創造欲、初戀者的新鮮感、神經質的敏感性以及建設者和破壞者兼備的改革意識。而身為團隊卓越的中層，下屬還要求他必須具備非凡的領導才能和優秀的文化素養。」因為，團隊營運理念的倡導、價值觀的確立並使之深入人心，需要有作為的中階主管向下屬面授、執行和示範。面授、執行和示範的水準必須贏得下屬的認同。

中階主管的職責是為企業制定一個夢想。當然，制定夢想只是開始，身為一名管理者，中層還必須帶領團隊實現夢想。那麼，就必須使員工認同這一夢想並圍繞著它開展一切工作。如何才能夠將夢想傳達給員工並獲得他們認可呢？

首先不要用術語，很多中層在傳播夢想時過於僵硬，使得員工無法將夢想與現實結合起來；其次，夢想必須具體、清晰，同時旗幟鮮明，能夠激發員工的工作熱情；再次，透過舉例說明的方式傳播夢想，這一方式可以使人們迅速、深刻的記住你所傳達的夢想；最後，不斷重複你的夢想，威爾許在推廣一項理念時，總是會堅持不懈的採取這一方式，直到所有的奇異員工都接受並執行他的新理念。

中層的作風是有傳染性的。一個擁有積極、樂觀態度的中層，總是能夠帶出一支進取、向上的團隊。因此，中階主管的另一個職責是與企業內部的消極觀念做鬥爭，培養員工積極的工作心態。這就需要中層深入到員工中間，真正關心他們正在做什麼，在他們遇到問題和挫折時，為他們提供必要的支持和鼓舞。

高效能來自何處？很多人認為來自團結，事實並非如此，高效能來自員工。杜拉克說過這樣一句話：「卓越的主管是擁有追隨者的人。」沒有追隨者的中層就不能稱之為卓越的中層，中階主管效能的高低是展現在員工對其的追隨程度。

如何才能夠獲得員工的追隨呢？答案就是贏得員工的信任。要贏得員工的信任，就必須在以下幾個方面保持良好的紀錄：首先，賞罰分明，只有公平、公正的中層才能夠獲得員工的信任；其次，以身作則，當你以行動來證實你所表達的一切時，你將贏得更多人的追隨；再次，崇尚透明，將企業內的一切公開化、透明化，使每個人的價值都得到充分的展現，讓員工感覺到切實的平等；最後，誠實守信，絕不將他人的功勞和出色的想法竊為己有，這一點很多人都無法避免，他們總是渴望將團隊的功勞歸結到自己頭上。

誰都希望自己能夠成為一名卓越的主管，但是，你要成為一名卓越的中層，一味追求高效只會造成糟糕的結果。威爾許說得好：「身為一名中階主管，你的目標不是為了贏得競選，而是為了做好自己的工作。」因此，在正確的決定和讓他人感到開心面前，選擇正確的決定，是中層最主要的職責。

中階主管的工作能力決定著他的領導力，而他最重要的工作也是提出各種問題。他要隨時將類似於「如果……將會出現什麼樣的情況？」「為什麼我們不……呢？」「我們怎麼樣才能夠……？」一類的問題掛在嘴邊。當然，一旦員工能夠給出比當前更好的解決問題的方法和思路，中層應該立即予以採用，並且將新的解決方案推廣到整個企業之中。唯有如此，你才能夠不斷獲得員工出色的想法。

優秀的企業都信奉冒險和學習。卓越的中層則會在這兩方面起表率作用，他們不僅自身勇於承擔風險，而且鼓勵下屬勇敢創新，並在下屬遭遇到失敗時採取寬容的態度，鼓勵他們重新開始。同樣，他們知道學習是能夠贏得未來的唯一方式。「當哪一天我失去了學習的能力，那就意味著我應該遭遇淘汰了。」一位卓越的中階主管這樣說道。

道理其實很簡單：我們都知道失敗是成功之母，或者我們也可以將成功視為成功之父。一個小的成功能夠帶來更大的成功，而關鍵在於及時進行慶祝。慶祝很容易使員工產生勝利者的感覺，並在公司內營造出一種充滿競爭和活力的氛圍，這將為我們贏得更大的勝利。現實中，很多人在取得勝利之後，總是會忘記擊掌祝賀這個重要的儀式。

根據威爾許在多個場合對中階主管所提出的要求，要成為一名卓越的中階主管並非易事，但是也絕非不可能。要想成為卓越的中層必須經由以下步驟：

首先，應該不斷學習中層所必需的各項技能，例如決策、分析和塑造願景等能力；這一切是高效能的基礎。

在下屬眼裡，卓越的中層應該既是「陰謀家」又是「陽謀家」——他的膽略與智慧每分每秒都在掌控著團隊的晴雨錶；卓越的中層應該是團隊發展的設計師——要設計好每項業務中的預定指標、步驟和進度；卓越的中層應該是處變不驚的萬事通——對每一項業務都瞭如指掌、應付自如；卓越的中層應該是常備不懈的預備隊員——每項業務中缺了人手他都要替補上去；卓越的中層應該是無所不能的修理工——哪邊業務中出了紕漏他都要修補；卓越的中層應該是靈巧的「變色龍」——到什麼山唱什麼歌，見什麼人說什麼話；卓越的中層有事務……這些正是下屬對卓越中層綜合素養的要求。

其次，學會關心員工，不僅關心他們的工作進度和狀況，還需要發自內心的尊重每一位員工。中階主管應該牢牢記住那句永遠都不會過時的話：「別忘了，我們都是人！」第三，中層的任務在於促使他人取得成功，從而使得企業和自己獲得成功，因此，中層必須學會輔導下屬。第四，中層必須保持言行一致，言行一致是贏得員工信任的最好方式。最後，中階主管是否卓越，取決於能不能促使他人獲得成功。

第五章　打造高績效團隊

績效是管理的核心，是每一位中階主管都必須關注的重中之重。沒有績效，一切都無從談起。通俗的說，績效就是以最大效率達成預期的目標。身為一名中階主管，決定其成敗的絕不僅僅是個人的績效表現，還包括你領導的團隊的績效；團隊的績效決定著企業的成敗。

打造激勵機制

一個卓越的中階主管必是一流的激勵大師。美國著名的企業管理顧問史密斯指出，每名員工再不顯眼的好表現，若能得到上司的認可，都能對他產生激勵的作用。

某公司的一位有問題的員工于倫被調到設計科。設計科主要負責廠內機器設計的維修和安裝。于倫在這之前換過很多單位，人際關係不佳，被認為是個很難應付的人。

科長在于倫進來之前，就詳細調查了他以往的經歷，得到以下結果：于倫十年前從高中畢業，曾經是一位技術純熟的機械工。不僅精通機器，也有創新的能力，曾因此而獲得公司董事長的嘉獎。但是，有一次他被調到一個單位，他們使用的是一種新型的機器設備，結果于倫的經驗完全不能派上用場，等於是從頭開始學習。雖然于倫也努力去了解這些新機器，但和其他員工比起來，工作績效還是相差甚遠。因為不習慣新機器的操作方式，績效較差的于倫便遭到科長嚴厲的指責：不想做就回家算了！于倫並不是沒有工作熱忱，只不過需要一些時間去適應這些新機器。對于倫而言，他這麼認真卻被批評為沒有工作熱忱，實在感到意外，從這個時候開始，于倫就陷入了工作低潮。雖然不久後，他又被調到別的單位，但是他的情緒一直不見好轉，經常和同事發生爭執。就這樣，他連換了好幾個單位，被當做皮球踢來踢去。

為了歡迎于倫到設計科來，科長和他促膝長談。談話中，他讓于倫聯想起得到董事長嘉獎時的風光。科長看到于倫談到自己那段光榮經歷時，眼裡充滿了喜悅和驕傲。就這樣，于倫在設計科找回了以往的工作熱忱。雖然之前因為不斷換單位，使他在職位晉升上比別人慢了一步，但他在設計科的努力得到了上司的認同。現在，他已經是位主管，也可以說是站在第一線的監督者了。

對陷入低潮的員工施加壓力，只會削減他們的工作熱忱，尤其是像于倫這種有技術的員工。所以，讓他們回想當年輝煌的時候，就能讓他們重拾回以往的自信。

中階主管在管理員工時往往會遇到這樣一個難題：是以激勵為主還是以懲處為主。事實上，在具體的操作中，往往兩者並用，賞罰分明。問題是，有的上司在管理中不善於懲罰，只善於激勵；有的上司只善於懲罰，不善於激勵。尤其具體到一件事情當中，比如員工犯錯誤時就只有懲罰，他們認為，不懲罰不能起到殺一儆百的作用，不懲罰就不能展現規章制度的嚴肅性，不懲罰就不能顯示主管的威嚴。

一位業績一直第一的員工認為一項具體的工作流程應該改進，她也和主管包括部門經理提出過，但沒有受到重視，中層反而認為她多管閒事。一天，她私自違反工作流程。主管發現了，就帶著情緒批評了她。她不但不改，反而認為主管有私心，於是就和主管吵翻了，並退出了工作職位。主管反映到部門經理那裡，經理也帶著情緒嚴肅批評了她，她置若罔聞。於是經理和主管就決定嚴懲，認為開除她的也有、扣年終獎金的也有。這位員工拒不接受。於是部門經理就把問題報告到老闆這裡。

老闆就把這位早有耳聞的業務尖子叫到辦公室談話。老闆沒有一上來就批評她，而是讓她先敘述事情的經過，並和她交換意見和看法。老闆發現這位員工確實很有思路，她違反的那項工作流程確實應該改進，而且還談出了許多現行的工作流程和管理制度中存在的不完善之處。老闆以朋友的方式平等的和她交流，而且如此真誠的聆聽她的意見，她感覺受到了重視和尊重，反抗情緒漸漸平息下來，從開始的只認為主管有錯，到最後承認自己做得也不對。在老闆試探性的詢問下，她也說出了她的錯誤應該受到的處罰程度。最後高興的離開了老闆的辦公室。

事後，老闆與部門經理以及主管交換了意見和看法，經理和主管也都認同了「人才有用不好用，奴才好用沒有用」的道理，大家討論決定以該位員工自己認為應受的處罰予以懲處，讓她在開會上公開做了自我檢討，並補一個工作日。她十分愉快——甚至可以說是懷著感激之情接受了處罰。而且老闆還以最快的速度把那項工作流程給改進了。事情過後，發現這位員工一下子改變了原來的傲氣和不服的情緒，積極配合主管的工作，工作熱情大增。大家說她好像變了個人似的。

指導是最實際的激勵方法。如果你給予正確的指導，就不僅幫助下級提升了工作技巧，更代表了你關心他。榮譽可激發下屬積極的工作態度，從而提高其對工作的熱情度。可為工作成就突出的員工頒發榮譽稱號，加強對他的認可。這樣的解決是化消極為積極、化被動為主動、化問題為機遇，化失敗為成功、化干戈為玉帛、化處罰為獎勵、化約束為激勵、化嚴肅為活潑、化漫天烏雲為晴空燦爛。從以上這個案例中可以看出，處罰絕不單單是冷酷無情的，只要有大膽創新的思維，處罰完全可以變得和表揚一樣激勵人心，甚至比表揚獎勵還要有效。所以領導和管理的藝術就在於，化一切被動因素為主動因素，把批評和懲罰變成鼓勵和獎勵。

在經濟蕭條時期，有一個企業突然接到了一項業務——一批貨要搬到碼頭上去，而且必須在半天內完成。接到任務之後，老闆在欣喜之餘也有些憂慮，喜的是能在這個特殊的時期接到這麼大一筆生意；憂的是手下就這麼幾個員工，怕無法完成任務，失去以後的合作關係。老闆苦思冥想，終於想到了一個絕佳的方法。第二天一大早，老闆親自下廚做湯麵。開飯的時候，老闆語重心長的對眾員工說：「委屈大家了，今天的工作很重，這樣一碗湯麵實在是太寒酸了……」話說完後，老闆替員工一一盛好麵，還親自捧到他們手裡，老闆的舉動使每個員工都受到了極大的震撼。一個員工接過飯碗，拿起筷子，正要吃麵，一股誘人的排骨濃香撲鼻而來。他急忙用筷子把上面的麵條抄起，發現裡面有三塊油光發亮的紅燒排骨。他立即轉過身來，一聲不響的窩在牆角，狼吞虎咽的吃了起來……整個下午，每一個員工都非常的賣力。個個搬得汗流浹背。一天的工作，一上午就做完了。中午，大家休息的時候，一個員工悄悄問另一個：「你今天怎麼這麼賣力？」另一個員工反問道：「你今天不也做得挺起勁的嗎？」他們都沒有回答對方，因為他們怕對方知道，老闆對自己有特殊的「激勵」。

合作是團隊的根本

隨著知識經濟時代的到來，各種知識、技術不斷推陳出新，競爭日趨緊張激烈，社會需求越來越多樣化，使人們在工作學習中所面臨的情況和環境極其複雜。在很多情況下，單靠個人能力已很難完全處理各種錯綜複雜的問題並採取切實高效的行動。這些都需要人們組成團體，並要求組織成員之間進一步相互依賴、相互關照、分工合作來解決錯綜複雜的問題，並進行必要的行動協調，開發團隊應變能力和持續的創新能力，依靠團隊合作的力量創造奇蹟。而團隊不僅強調個人的工作成果，更強調團隊的整體業績。

據統計，在所有諾貝爾獲獎項目中，因合作而取得成功的占三分之二以上。在諾貝爾獎設立的頭二十五年中，因合作而獲獎的占百分之四十一，現在則上升到百分之八十。

在某生產電冰箱的廠家，工人陳一、林二、張三和李四正圍繞在剛生產出來的冰箱周圍，來回反覆查找原因，為什麼冰箱指示燈顯示運轉正常而冰箱卻不製冷？這種冰箱是公司新開發的環保節能型冰箱，陳一是生產線上的總裝工人，林二是負責生產過程排查和工藝的生產工程師，張三是公司負責研發的經理，李四是產品開發工程師，雖然四人在公司的角色和職位職責都不一樣，但是，自這種環保節能型冰箱投入試產以來，他們四人就在一起工作了。

在面對問題時，四人並不氣餒，他們沒有相互埋怨，而是仔細分析每一個環節，查找問題原因，尋找解決方案。最後，不但解決了這個問題，而且順利完成了公司新產品的試生產任務。在投放市場後一炮走紅，取得很大成功。在這次團隊合作配合中，他們清楚意識到，如不是因為這次新產品的試生產任務，他們四人是很難在一起工作的，他們也都充分意識到各自的工作特點和能力長短。

要達成團隊工作目標，必須要打破傳統部門分工的限制，緊密圍繞這次新產品試生產任務開展工作，使這個小小的團隊高效的運轉，最終完成團隊的工作目標。陳一、林二、張三和李四之所以能夠順利完成團隊任務，是通力合作的結果，其中任何一個人都是沒有辦法單獨完成這項工作的。團隊整體運作所取得的工作成效通常大於單個人取得的工作成效，因而才會產生「沒有最好的個人，只有最好的團隊」的說法。

團隊所依賴的不僅是集體討論和決策以及資訊共享和標準強化，它強調透過成員的共同貢獻得到實實在在的集體成果，這個集體成果超過成員個人業績的總和，即團隊大於各部分之和。

成立於一九七七年的蘋果電腦公司，能發展成為可以與IBM具有同等競爭力的電腦公司，其祕訣也在於有一個精誠合作的團隊。面對強大的競爭對手IBM公司，當年二十八歲的董事長賈伯斯並沒有打算讓路。因為在他麾下，有一幫充滿著青春活力、有著親密無間合作關係的夥伴為他撐腰。在這群年輕人中間，賈伯斯充當著教練、領導者和冠軍栽培人等多重角色。他是一個既狂熱又明察秋毫的天才，他的工作就是專門出各種新點子，對傳統觀念提出挑戰。而團隊中的年輕人是他的各種構想的實踐者，他們精誠團結，相信賈伯斯的眼光，都希望在從事的工作中做出偉大的成績。他們要對技術有最新的理解，知道如何運用這些技術來造福於人。蘋果電腦公司應徵新人有一個特別的辦法，就是面談。

一個新來的人可能要到公司談好幾次才會被錄取。當對錄取做出最後決定時，蘋果電腦公司一般會把自己的個人電腦產品——麥金塔電腦拿給他看，讓他坐在機器跟前。如果他沒有顯出不耐煩，並且眼睛一下子亮起來，真正激動起來，這樣就知道他和蘋果電腦公司是志同道合的。這樣，由於公司的員工都是志同道合的一群人，有共同的目標，所以他們很容易就能進行密切合作。正是這種密切合作的文化氛圍，造就了蘋果電腦一個又一個突破。

在蘋果電腦公司中，如今一切都要學習麥金塔的經驗，每個製造新產品的小組都是按照麥金塔的模式做的。麥金塔的例子說明，當一個發明團隊組成以後，之所以能夠這麼有效的完成任務，其辦法就是分工負責，各盡其職，團結合作。在麥金塔外殼中不為顧客所見的部分是整個團隊的簽名，蘋果電腦公司這一特殊做法的目的就是為每一個最新發明的創造者本人而不是為公司樹碑立傳。成績是大家的，但名譽可以歸個人。這就是優秀的團隊合作。

合作是團隊精神的靈魂。團隊合作是一種為達到既定目標所顯現出來的自願合作和共同努力的精神。它可以調動團隊成員的所有資源和才智，並且自動驅除所有不和諧和不公正現象，同時給予那些誠心、大公無私的奉獻者適當的回報。當團隊合作出於自覺自願時，它必將產生一股龐大而持久的力量。團隊合作往往能激發出團體不可思議的潛力，集體合作做出的成果往往能超過成員個人業績的總和。

正所謂「同心山成玉，協力土變金」。小溪只能泛起破碎的浪花，百川納海才能激發驚濤駭浪，個人與團隊的關係就如小溪與大海。每個人都要將自己融入集體，才能充分發揮個人的作用。只有嚴密有序的集體組織和高效的團隊合作，懂得團結合作克服重重困難，才能創造奇蹟。

解決團隊衝突

中階主管必須擁有能力處理一些突發性事件，這類事件沒有任何的規律性，但是一旦發生往往會打亂整個團隊的工作計畫。這些突發性事件包括自然災害、產品危機以及人員離職等，但是最常見的莫過於團隊內部發生衝突。

在任何一間公司，員工都不可避免的存在著牢騷、抱怨、甚至憤怒等不滿的情緒，只是不滿的程度不同，表達不滿的方式有時激烈、有時婉轉。這就是衝突。如果不及時處理這些衝突，會造成很多的隱患和不穩定因素，甚至直接影響員工對待工作的態度和工作的效果。但中階主管往往不願意面對矛盾，把員工的不滿當做小事，並且把部分人的抱怨當做幼稚、愚蠢或無事生非，因而予以忽視。

團隊衝突存在於幾乎每一家企業之中，這是所有中階主管的共識。引起衝突的原因是由於團隊內存在問題員工，但是對於問題員工，很多中層一籌莫展，感到束手無策。但是，如果你不能夠妥善管理好問題員工，他們將成為團隊的噩夢。

大多數問題員工可以被指導，一旦成功，他們將成長為優秀員工。其中一些擁有一技之長的員工，則很可能成為大家學習的榜樣和標竿。但是有一部分問題員工卻讓中層很頭疼，這些問題員工主要有兩類：一是擁有獨特的技能，但是時常挑戰公司的規章制度的員工；另一類是「小人型」員工，他們總是在搬弄是非、挑撥離間，使得團隊中的合作精神消失殆盡。對於這兩種員工，我們的原則很簡單：針對第一種員工，首先對他們進行勸導，如果不能夠改變，則請他們走人；對於「小人型」員工，則毫不猶豫的請他們走人。

儘管問題員工很多，但是有一些問題員工，如果你不細心觀察是很難分辨出來的。因此，管理問題員工首先要從甄別開始。事實上，問題員工的管理與其他員工的管理並沒有太多的差別，只是經理人需要付出更多的努力和關心而已。我們經常跟一些中階主管說這樣一番話：「很多員工就像孩子一般可愛，當缺乏上司的關注時，為了取得上司的關注，他們往往表現得比常態惡劣一點。因此，如果你的團隊中出現問題員工，首先應該檢討的或許是你自己，至少你應該回顧一下近期對這位問題員工的關注是否足夠。」

通常情況下，團隊發生衝突事先是有警示的，但是很多中層對此不屑一顧，或是忙於一些重要事務而忽略了這些警示，最終導致衝突以不可抑制的態勢發生。衝突在很多團隊中都發生過，相信以後還會不斷發生。或許我們可以採取一些未雨綢繆、防微杜漸的方式，但是要澈底避免團隊內部衝突似乎是不可能的。

這是一個流傳於法國民間的故事：三個剛剛打完仗卻沒有找到大部隊的士兵，疲憊的走在一條陌生的鄉村小路上，他們又累又餓，已經一天多沒有吃東西了。

當三個士兵看到一座村莊時，他們不覺興奮起來，心想這下總算能找到吃的了。可是，村民看到士兵的到來心存恐懼，而且僅有的一點食物還不足以填飽自家的肚皮，於是，他們慌忙回家將自己的食物藏了起來，當士兵找上門來時，村民也裝出可憐的飢餓樣子。士兵一無所獲。

這時，一個飢腸轆轆的士兵想出了一個絕招。他向村民宣布，要用石頭做一鍋鮮美的湯。好奇的村民為他們準備好了木柴和大鍋，士兵們真的開始用三塊大圓石頭煮湯了！望著滾上來的熱水，士兵們一邊舀了一勺放在嘴裡，一邊大聲讚美道：「啊！多麼鮮美可口的石頭湯呀！」看到在一旁觀看的村民口水欲滴的樣子，士兵又說道：「當然，為了湯的味道更鮮美，還需要一點佐料，比如鹽和胡椒什麼的，您願意幫忙嗎？」為了品嘗到鮮美的石頭湯，一個村民欣然答應幫忙。之後，在士兵的引導下，村民心甘情願的從家中拿來了胡蘿蔔、高麗菜、馬鈴薯、牛肉等煮湯的食材，當然，一鍋豐盛而鮮美的「石頭湯」很快做了出來。為了搭配鮮湯，村民還從家中貢獻出麵包和牛奶，大家愉快的享受了一頓美味大餐。

對於這個故事，不同的角度可以有不同的解釋。就團隊主管而言，顯然中層就是在艱難困境中，帶領他們的跟隨者熬出一鍋鮮美「石頭湯」的人，即善於解決團隊衝突的管理者。

導致團隊衝突發生的原因有很多種，但是有一點是共同的，那就是一切衝突都是在人之間發生。因此，要控制衝突的發生或是妥善解決團隊衝突，主管必須關注人——你的每一位員工。當然，衝突並非團隊的噩夢，恰恰相反，如果你能夠妥善處理好衝突，你會發現你的團隊在衝突之中不斷融合和成長，變得更加契合和高效。同時，一些衝突還會打破團隊以往的沉悶，使團隊變得活躍起來。

人與人之間的衝突是普遍存在的。面對團隊衝突，身為優秀的中階主管，要有以和為貴的理念，把追求團體和諧作為一個根本宗旨。用大度的胸懷看待得失，並盡量超脫於是非之外，主持公正，明辨是非，獎罰分明，尤其要鮮明的反對挑撥離間、拉幫結派等一切有損組織和諧的行為，對個別極端私利或嚴重損害集體利益的，則堅決淘汰。這樣可為其管轄的單位和組織營造一種健康向上、團結打拚的氛圍。在處理衝突的過程中，中階主管需要注意的一個要點是：站在對方的角度思考問題。無論衝突是如何發生的，一旦你能夠設身處地站在對方的立場上考慮問題，你將發現一切都會迎刃而解。事實上，每一位員工都是善良的，也是親切的，他們希望能夠多多展示自身的價值和尋求更具意義的人生。

「我們是為了更好的投入到工作之中，或許我們會表現出不滿，或是與別的同事發生一些不必要的衝突，但是我們渴望得到認同和尊重。我想我們的表現是因為我們渴望得到上司的關注。」一位被劃分為「糟糕」的員工如此坦言。所以在這裡，我們想告誡諸位主管去關心員工的內心，了解他們真實的想法，否則你將失去許多優秀的員工。

提升團隊績效

任何一個稱職的中階主管都知道：管理不但注重效率，還注重效果，單純的高效率，沒有最終取得的高效果，一切管理活動都是無價值、無意義的。管理不是強調個人實現，而是「與別人一起或是透過別人」去實現。將別人甩在一邊，只顧完成自身任務的中層不是一個合格的管理者。不懂得與別人一起工作，或是不懂得運用他人智慧的人也不是優秀的中階主管。管理的根本在於「達成目標」，不能夠達成目標，或是沒有目標，都不能夠稱為管理。問題的關鍵在於團隊績效。卓越的主管總是能夠獲得出色的團隊績效，相反，不合格的主管只能使團隊取得難以令人接受的低績效。可以說，管理的結果取決於中階主管。

對於一名優秀的中層來說，要理解團隊績效的重要性，首先要弄明白什麼是團隊。有句話非常耐人尋味：「並非穿著同樣的襯衫就能夠形成團隊。」然而，仍然有很多企業熱衷於服裝統一等絲毫無益於團隊合作的形式主義。很多中層眼中的團隊其實並非真正的團隊。首先，團隊不是一些人聚在一起工作，如果聚集在一起的人不能夠相互協調、朝著同一個目標努力奮鬥，他們就只是一個群體而已。當群體中的人能夠進行明確分工、各司其職，並建立起大家共同遵循的各類規則，這時的群體就發生了本質的改變，變成了團體。但做到這一點還遠遠不能稱其為團隊。

真正的團隊是所有成員都聚焦於共同的目標，在沒有要求和監督的情況下積極主動的投入工作，人人勇擔責任，並且富有熱情。面對困難和挫折時，他們毫不退縮，而是群策群力尋求解決方案，他們注重分享、合作、相互尊重。真正的團隊擁有某種特殊的氣質，這種氣質展現在團隊的每一個成員身上。

績效是一個令人難以思索的概念，它主要指個人、團隊或企業所取得的結果、成果或成就。在很多經理人那裡，績效總是得不到完整的解釋。一些人認為績效就是效率，個人績效就是個人的工作效率，企業績效則是企業整體的工作效率；還有一些人認為績效是效果，是個人或企業最終所取得的成果。這兩種看法都是片面的。Stephen P. Ro BB ins 在《管理學》中提出了兩者結合的績效概念，即績效等於效率加效果。

效率通常意味著速度，在有限的時間內獲得最大化的成果。要做到這一點，只要保證運用正確的方式就可以，效率通常是指「正確的做事」。它強調的是做事的方法和方式。效果則不太一樣，它強調所做的一切都必須有助於目標的達成，也就是「做正確的事」。只關注效率容易出現南轅北轍的問題，目標是到南方去，結果卻到了北方；而且往往效率越高，錯得越離譜。很多人在做事的過程之中只顧一味向前跑，卻不知道停下來看一看腳下的路是否能夠通向目標終點。僅僅關注效果也會產生一些問題，最明顯的便是過於強調效果而忽略了效率，最終取得了成果卻錯過了機遇。

效率強調的是做事的方法，效果強調的是最終的結果。成功的經理人絕不會將兩者割裂開來，而是追求兩者的融合。這便是績效。績效是管理的核心，是每一位中層都必須關注的重中之重。沒有績效，一切都無從談起。通俗的說，績效就是以最大效率達成預期的目標。

成功的中層與失敗的中層之間最大的差別便是績效。任何一家企業都希望中階主管能夠帶出一支高績效的團隊，以順利完成企業分配的任務。誰也不會喜歡一個績效低下的部門。對於中層來說，無論自身取得多麼出色的業績，如果你所帶領的團隊沒有取得良好的績效，你依然是一名不合格的中層。你必須將「團隊績效」這個詞牢牢記在心中。因為它就是你的一切，它就是企業的一切！

儘管效率不等於績效，但是要取得高績效，高效率是根本。成功的中層將團隊效率視為第一位。在他們看來，不能夠取得高效率，一切都毫無意義。為什麼？因為今天企業面對的是一個競爭異常激烈的商業時代，在這個時代，商業經營最重要的因素便是速度。唯有速度才可以使你的企業獲得成功。速度首先意味著效率。沒有高效率，就不可能獲得高速度。

高績效團隊信奉「效率為王」，他們認為確定好目標之後，決定團隊成敗的最關鍵因素便是效率。因此，他們將精力集中在尋求更加有效、更為快捷的方法去解決問題。他們絕不墨守成規，如果不能夠創造出新的工作方式，便意味著可能將被淘汰。

裕翔帶領著公司最傑出的銷售隊伍，每年他們都能夠在已經相當飽和的市場中獲得成長，並且不斷將新進入市場的競爭對手趕出自己的市場領域。在公司一次交流過程中，中層和老闆聊起了團隊的績效，裕翔直截了當的說：「對於一個團隊來說，最重要的就是創新，不斷的創新，唯有創新，才能夠保證效率。當你的效率超過競爭對手時，無論是客戶還是市場資源，都會向你傾斜。一旦如此，你將在市場之中獲得更多的話語權和主動權。」

高績效團隊的特徵是「一切以結果為導向」，無論取得了多麼傑出的成就，但是如果與最初的目標不相一致，在他們看來就是失敗。高績效團隊中的每一個成員，隨時都在思考如何達成當初的目標，他們知道結果決定一切，因為結果象徵著團隊所創造的價值，企業的發展正是依靠每一個團隊所創造出來的價值。同樣，結果決定著客戶的態度。無論你抱有多麼良好的態度，或是提供多麼便捷的服務，如果生產出來的最終產品無法令客戶滿意，你就只能夠遭遇失敗。

「每天起床之後，我們考慮的都是如何與目標靠得更近一點。我們在辦公室的每一個角落都寫上今年的目標，這樣我們就可以時刻牢記目標。」柏青是一名軟體開發部門的經理，去年年底，競爭對手開發了一套新的軟體，很快獲得了市場的青睞。在研究過對方的產品之後，他們發現了一個重要的技術性問題尚未得到解決。於是他立即組織部門召開會議，立下軍令狀，要在下一個市場尖峰（寒假）來臨前解決這一技術難題，從而取代對方在市場中的地位。

實現團隊整體效能

某位成功的企業家曾經說這樣一句頗為經典的話：實用的管理技巧往往不是來自於書本。的確是這樣，自然界的許多生物行為就包含了深刻的哲理，認真觀察過大雁飛行的人就可以發現這樣一種現象：春來秋去的大雁在飛行時總是結隊為伴，隊形一會兒呈「一」字，一會呈「人」字。大雁為什麼要編隊飛行呢？

原來，大雁編隊飛行能產生一種空氣動力學的作用，一群編成「人」字隊形飛行的大雁，要比具有同樣能量而單獨飛行的大雁多飛百分之七十的路程，也就是說，編隊飛行的大雁能夠借助團隊的力量飛得更遠。大雁的叫聲熱情十足，能鼓舞同伴，大雁用叫聲鼓勵飛在前面的同伴，使團隊保持前進的信心。當一隻大雁脫隊時，會立刻感到獨自飛行的艱難遲緩，所以會很快回到隊伍中，繼續利用前一隻大雁造成的浮力飛行。

一個隊伍中最辛苦的是領頭雁。當領頭的大雁累了，會退到隊伍的側翼，另一隻大雁會取代牠的位置，繼續領飛。當有的大雁生病或受傷時，就會有兩隻大雁來協助和照料牠飛行，日夜不分的伴隨它的左右，直到牠康復或死亡，然後牠們再繼續追趕前面的隊伍。

大雁結伴飛行給中階主管的啟示是深刻的：一盤散沙難成大業，握緊拳頭出擊才有力量。任何一支團隊，成員之間必須團結一致，大家心往一處想，力往一處使，才能無往而不勝。所以，中階主管最重要的作用就在於使你的團隊像大雁一樣飛行，而不是單打獨鬥。

大雁飛行的例子為我們提供了團隊重要性理論，而體育界管理籃球隊的實踐為我們企業管理提供了可借鑑的經驗。Lom BA rdi 是個有傳奇色彩的橄欖球教練。他曾對朋友談起球隊的成功祕訣：「一個球員起碼必須知道打球的基本規則，以及怎樣打好自己的位置。其次，必須訓練他跟別的球員做好搭配。最重要的是要使球員明白，打球必須發揮整個球隊的作用，不能各打各的、不互相照應。球賽不是個人的明星式表演，我把這種精神稱為『團隊精神』。一個優秀的球隊之所以不同於普通球隊，關鍵在於球員是否相互關切、配合默契，這就是『團隊精神』。如果球隊裡充滿了這種精神，這個球隊一定可以穩操勝券。」

其實，管理企業和管理球隊有相通的地方，團隊的管理好比在管理一支球隊。因為球隊的管理，意味著要在球員之間建立一種「至誠」的文化，使教練和球員融為一體。一個訓練有素的教練，會精心挑選配合度高的球員，並使球員間產生一種「家人意識」，進而協調眾人發揮團隊合作的精神。

一些優秀的中階主管好像有天生獨特的再生能力，他們可以在很短的時間內，扭轉乾坤，將一群柔弱的羔羊訓練成一支如雄獅猛虎般的管理團隊，所向披靡。每位成功的中階主管幾乎都擁有一支完善的管理團隊。正如通用電話電子公司董事長查爾斯·李所說：「最好的中層是透過構建團隊來達成夢想，即便是麥可·喬丹，也需要隊友一起進行比賽。」

團隊凝聚力是團隊對其成員的吸引力和成員之間的相互吸引力，它包括「向心力」和「內部團結」兩層涵義。當這種吸引力達到一定程度，而且團隊隊員資格對成員個人和對團隊都具有一定價值時，我們就說這是個具有高凝聚力的團隊。高凝聚力團隊具有以下特徵：團隊成員歸屬感強，願意參加團隊活動並承擔團隊工作中的相關責任，維護團隊利益和榮譽。成員之間資訊交流快，互相了解透徹，並具有民主氣氛。

培養團隊成員整體搭配的團隊默契，中層應給予每位成員自我發揮的空間，同時，更重要的還要破除個人英雄主義，做好團隊的整體搭配，形成協調一致的團隊默契，努力使團隊成員彼此間相互了解，了解取長補短的重要性。如果能做到這一點，團隊就能隨時創造出不可思議的團隊績效。

有這樣一則寓言：梭子魚、蝦和天鵝想把一輛小車從大路上拖下來，大家一齊負起沉重的擔子。牠們用足狠勁，身上青筋根根暴露。可是無論牠們怎麼拖呀、拉呀、推呀，小車還是在老地方，一點也沒有移動。倒不是小車重得動不了，實在是另有緣故：天鵝使勁往上向天空直提，蝦一步步向後倒拖，梭子魚又朝著池塘拉去。究竟哪個對，哪個錯，不知道，只知道，小車還是停在老地方。梭子魚、蝦和天鵝之所以拉不動大車，就因為他們有不同的方向和目標，所以無法形成合力。

作為一個團體來說，也是這樣的。一個優秀的團隊，必然是建立在相同的利益立場、相同的利益興趣、相同的奮鬥目標之上。凝聚力的形成，就源於共同的目標。

Stephen P. Ro B B ins 認為，團隊就是指為了達成某一個相同的目標而由相互合作的個體所組成的正式群體。其中，一個相同的目標是團隊存在，發展的基礎，也是相互合作的基礎。如果沒有這一基礎，團隊就是不成熟的。這個共同的目標可能是理念性目標、事業性目標和利益目標。正是由於意識到這一點，團隊成員應該花費充分的時間、精力來討論、制定他們的共同目標，並且使每一個團隊成員都能夠深刻理解團隊的目標。

中階主管懂得這一道理之後，就會想方設法時刻注意把「共同目標」這一個理念貫徹到每一個員工的心裡。只有讓員工深刻認同共同的目標之後，員工才會更好的為了這一個共同的目標而奮鬥。

日本大榮公司就是善於樹立共同目標，善於讓員工統一行動的企業，總裁中內功多次指出：提高利潤可以賺錢，提高資金周轉也是為了賺錢，內部統一思想從本質上來說也是為了賺錢。中內功以「大榮誓詞」來統一思想、規範行為，形成頗具個性的經營思想，創立大榮在市場中的良好形象。

大榮誓詞為大榮公司的精神大廈定下了三根基礎樁：透過我的工作，為顧客提供高品質的生活服務；真實誠懇，為不斷提供物美價廉的商品而勞動；熱愛顧客，熱愛商店，不停努力。這些誓詞就是中內功平時信念的結晶。中內功始終懷著嚴謹的經營思想和崇高的社會責任使命來培養和開發人才，盡量低價採購商品，便宜賣出優質商品，從而達到既定的目標。

大榮總店和分店實行連鎖經營制，從視覺上統一識別，統一認識。辦公用品規格化，員工服飾識別分明，進一步弘揚和實踐了大榮的經營理念，極大提高了大榮的知名度，使大榮脫穎而出。

帶出一個高效能部門

增強團隊精神是每位中階主管必須做到的，只有強大的團隊才能在市場的浪潮中立於不敗之地，才能做大公司。成功的中層往往主張以成果為導向的團隊合作，目標在於獲得非凡的成就。他們永遠清楚自己和群體的目標，並且深知在描繪目標和遠景的過程中，讓每位夥伴共同參與的重要性。因此，成功的中層會向他的追隨者指出明確的方向，他經常和他的成員一起確立團隊的目標，並竭盡所能設法使每個人都清楚了解、認同，進而獲得他們的承諾、堅持和獻身於共同目標之上。因為，當團隊的目標和遠景並非由中層一個人決定，而是由組織內的成員共同合作產生時，就可以使所有的成員有「所有權」的感覺，大家打從心底認定：這是「我們的」目標和遠景。

此外，另一個十分可貴的事實：每位優秀的中階主管幾乎都擁有一支完美的管理團隊。這些優秀的中層所率領的團隊，無論是他的成員、工作默契和所發揮的生產力，總是有不同的地方，常表現出以下主要特徵：

1　各負其責。要使團隊比傳統的工作小組運作得更有效，就要讓每個成員全身心投入團體及其工作當中。團隊成員必須對任務抱有信念，並且能一起努力去完成。他們還必須專注於整個團隊及其成功，而不僅僅是某段時間裡自己負責的一小部分工作。如果成員們並不關心任務及團隊整體，他們就不可能組成一個真正的團隊。而仍舊是一個工作上多少有些聯絡的個人的集合而已。成功團隊的每一位夥伴都清晰了解個人所扮演的角色是什麼，並知道個人的行動對於目標的達成會產生什麼樣的貢獻。他們不會刻意逃避責任，不會推諉分內之事，知道在團體中該做些什麼。

在分工共事之際，非常容易建立起彼此的期待和依賴。大家覺得唇舌相依、生死與共，團隊的成敗榮辱，「我」占著非常重要的分量。同時，彼此間也都知道別人對他的要求，並且避免發生角色衝突或重疊的現象。

2　強烈參與。現在有數不清的組織風行「參與管理」。管理人真的希望做事有成效，就會傾向參與或領導，他們相信這種做法能夠確實滿足「有參與就受到尊重」的人性心理。成功團隊的成員身上總是散發出擋不住的參與狂熱，他們相當積極、相當主動，一逮到機會就參與。這些成員永遠會支持他們參與的事物，這時候團隊所集結出來的力量絕對是無法想像的。

確保團隊中每個人都知道整體的任務是什麼。在傳統工作群體中，每個員工只知道自己分內的工作。他們可能根本不知道自己的工作在完成整體的任務中有什麼作用。團隊不能這樣運作，每個團隊成員都應知道整體的任務。假使你的團隊負責為公司編寫簡報，你的手下有編輯、作者、製圖，還有發行的專業人員，你可以這樣描述基本的任務：「在預算範圍內，遵守承諾，把高品質的簡報送到客戶手中。」關心整體的任務會帶來莫大的利益，對於一個團隊，這是最基本的要求。

一旦大家都明確了整體的任務，就要確保每個人都全神貫注的致力於完成整體的任務。這意味著為了整個團隊的利益，員工有時要對自己的工作做出犧牲。如此，大家齊心協力，使任務順利完成。

3 死心塌地。真心的相互依賴、支持是團隊合作的溫床。李克特曾花了好幾年的時間深入研究參與組織這一課題，他發現參與式組織的一項特質：管理階層信任員工，員工也相信管理者，信心和信任在組織上下到處可見。幾乎所有的獲勝團隊都全力研究如何培養上下平行間的信任感，並使組織保持旺盛的士氣。

培養團隊的敬業精神需要很長的時間，但你可以按下列步驟逐步著手做這件事情。如果你想擁有一個高效的團隊，就絕不能讓團隊成員只關注自己個人的工作。應該幫助他們把主要精力放在團隊的整體任務上。因此，你所安排的任務必須明確。所有的成員都必須理解團隊的任務，並使他們的理解基本維持一致。

4 團結互助。在好團隊裡，我們經常看到下屬可以自由自在的與上司討論工作上的問題，並請求：「我目前有這種困難，你能幫我嗎？」再者，大家意見不一致，甚至立場對峙時，都願意採取開放的心胸，心平氣和的謀求解決方案，縱然結果不能令人滿意，大家還是能自我調適，滿足團隊的需求。當然，每位成員都會視需求自願調整角色，執行不同的任務。

要使團隊成員能夠全身心投入到一項工作中，就必須使他們相信為這項工作花費時間和精力是值得的。「為客戶提供高品質的產品」相對來說值得去做，而「在上級規定的期限內完成工作」則有些勉強了。同時，要讓團隊成員感到這是一項現在就必須去做的工作，而不能等到別的什麼更重要的工作完成後再動手。「及時設計好樣品，以滿足客戶需求」相對來說比較緊迫，而「寫一份產品銷售數量的報告」就並不是一項緊迫的任務。

5　相互傾聽。在優秀的團隊裡，某位成員講話時，其他成員都會真誠傾聽他所說的每一句話。有位中階主管說：「我努力塑造成員間相互尊重、傾聽其他夥伴表達意見的氛圍，在我的單位裡，我擁有一群心胸開闊的夥伴，他們都真心願意知道其他夥伴的想法。他們展現出其他單位無法相提並論的傾聽風度和技巧，真是令人興奮不已！」

6　互相認同。這些讚美、認同的話提供了大家所需要的強心劑，提高了大家的自尊、自信，並驅使大家願意攜手同心。在你所帶領的團隊裡有沒有明顯的跡象呢？請自己找個清靜的場所，給自己十分鐘的時間好好省思一番。這有助於你建立一支有效率的管理團隊，也就是俗話說的「死黨」。許多管理者大聲疾呼：「我們愈來愈迫切需要更多更有效的團隊，來提高我們的士氣生產力。」身為組織管理人的你，可得把建立陣容堅強的團隊這件事列為第一優先處理的要務，千萬不要再忽視或拖延下去了。創造一支有效團隊，對中層來說是有百益而無一害的。

7　暢所欲言。好的中階主管，經常率先信賴自己的夥伴，並支持他們全力以赴，當然他還必須以身作則，在言行之間表現出信賴感，這樣才能引發成員間相互信賴、真誠相待。成功中階主管會提供給所有成員雙向溝通的舞台。每個人都可以自由自在、公開、誠實的表達自己的觀點，不論這個觀點看起來多麼離譜。因為他們知道許多偉大的觀點，在第一次被提出時幾乎都是被冷嘲熱諷的。當然，每個人也可以無拘無束的表達個人的感受，不管是喜、怒、哀、樂。一個高成效的團隊成員都能了解並感謝彼此，都能夠「做真正的自己」。總之，群策群力，仰賴眾人保持一種真誠的雙向溝通，這樣才能使團隊表現力臻完美。

培養員工的團隊意識

傑克．威爾許說過這樣一句話：「我的成功，百分之十是靠我個人旺盛無比的進取心，而百分之九十，全仗著我擁有的那支強有力的團隊。」羅伯特．凱利也說過類似的話：「說到追隨與領導，大多數組織的成功，管理者的貢獻平均不超過兩成。」這可是千真萬確的事實，一個企業的成功，不光是靠老闆個人的智慧和才華，絕大部分的成功關鍵在於中階主管者身邊的那些追隨者的表現。

單打獨鬥個人英雄主義的時代已經過去。現在是合作就是力量、講求團隊默契的新時期了。老闆不再是明星，雖然位高權重，擁有管理統御的大權，但是如果缺少了一批心手相連、智勇雙全的主管，還是很難成就大事的。企業需要的不僅是一位好的老闆，更需要一位能投注於團隊發展的真正管理者。

中階主管在組織內的角色已經產生重大的改變，過去被視為傳奇英雄，並能一手改寫組織或部門的中層，在現今日趨複雜的情況下，已被另一種新型中階主管取代。這種中層能將不同背景、訓練和經驗的人，組織成一個有效率的工作團隊。畢竟，一個企業的榮辱成敗，絕大部分取決於團隊合作的程度。鑑於此，做一個跟得上時代的中層，實在有必要花些時間和精力，做好建立和復甦團隊的工作。

凱文是一個踏實敬業的年輕人，大學剛畢業的他創意獨特、思路清晰，公司最近幾個大型活動的企劃案都是由他執筆，大家都很讚賞。這些都被作為主管的宋經理看在眼裡，喜在心頭。上個星期，公司決定舉辦一次大型的新產品發表會，由企劃部具體負責落實。

宋經理領回任務後，在部裡開了個會，決定這項任務由凱文牽頭，從前期的企劃案到會議場地、物料準備，以及整個會議的現場指揮等，全權由凱文負責，部裡的四位同事配合。接到任務後，凱文也信心百倍，表示一定不辜負上司的期望。

可是，十多天過去了，卻不見凱文的動靜，他來到凱文的辦公室，看到凱文一個人懶洋洋的坐在那裡發呆，一副無可奈何的樣子。「怎麼樣，弄得差不多了吧？」宋經理問。「這回可能要讓您失望了。」凱文有氣無力的回答，「唉，不知道為什麼，我要一些市場數據，市場部不是叫我等等，就是說這些數據不好整理；購置會場物料是行政部負責的，購買計畫清單都給他們一個星期了，可是行政部到現在還沒有結果。部裡的阿文等人說是配合我的工作，可每當讓他們做一些事時，他們總是推脫自己的工作沒做完，沒時間。我真不知該怎麼辦才好了。」凱文說得頭上直冒汗。

「我知道了。」宋經理明白了凱文的工作遇到了合作的障礙。之後，宋經理找到常務副總何經理彙報了此事，接著何經理主持召開了專門協調會議，明確了市場部、行政部、財務部等部門的職責、任務、完成時間等具體事項，宋經理也找到本部的四個做輔助工作的下屬，進一步確定了如何配合的任務和目標。接下來，凱文在上司的協調支持和相關部門及同事的配合幫助下，整個工作進展得很順利，最後，公司的新產品發表會如期舉行並取得了圓滿成功。

企業要發揮集體力量，就要以企業的「團隊精神」作為基礎，如果每個人只求個人表現，忽視團隊精神，就會因不能協同一致而難以獲得勝利。總之，你現在可以運用組織籃球隊的精神與態度去建立你的團隊，並創造一個溫馨、相互支援、充滿活力的環境。

SONY公司對部屬在工作中失誤或犯有錯誤時，公司並不把錯誤歸罪於個人，而是積極找出造成錯誤的原因。因為誰都可能有錯誤，如果因失誤或犯有錯誤就把當事人公諸於眾，這樣就可能削弱整個部屬隊伍的士氣。同時，因為誰犯了錯誤就被記入另冊，從升遷名單中除名，那麼他就可能在未來的企業生涯中失去動力。以後不論他有什麼好的創意，也不會向企業提出了。相反，不是把犯錯的人而是把犯錯誤的原因公諸於眾，前者就能從中吸取教訓，其他人也可避免同樣的錯誤。SONY對其經營管理人員創造力的培養也採取了同樣的辦法。他們認為培養一個出色的有創造力的經理人員，最好的辦法就是將權力與責任一同交給他，並告誡他，不要害怕犯錯誤，但不要重複犯一種錯誤。

命運共同體是一種集體領導和管理的形式，它的和諧來自於對人的理解和尊重。因此，一旦把企業的經營方針和理想目標貫徹到全體部屬中，就會產生很大的力量。同時，命運共同體貫徹協商一致的觀念，但並不意味著每項決定都出自集體的推動。具體的意見可能來自企業中的不同人員，一旦為公司所接受或修改，而後便是要花費時間爭取全體部屬的同意與合作。這一命運共同體的企業哲學一經形成，就不因企業經營者的變動而變動，從而能夠長久保持企業的經營管理特色。由於經營管理者與部屬之間保持著十分密切的關聯，在一定的時間裡，他們能夠制定保持企業哲學的具體行動計畫。它把 SONY 的部屬緊密的團結在公司的事業上。

SONY 公司在協調一致的基礎上，還注重部屬獨立的思想，追求個人的創造性。企業並不要求部屬按上級的成規辦事，人們不必為上級的話過多揣摩和費心。他們從高級主管人員那裡經常聽到的一句話是：「放手做吧，別等指示。」公司認為，這是發揮部屬人員才能和創造力的一個重要因素。

實行優化組合

若想在團隊有個很好的發展，不斷努力工作是重要的。但一個人的精力畢竟有限。對於一個團隊而言，僅僅做到重視個人能力與職位相配還不行，團隊需要的是整體的力量而不是個人能力最優化。要實現整體的力量最優化就應該實行優化組合，使團隊之間的人能夠相互取其長、補其短。一個企業一定需要有協調的行動，不然，這樣的公司就會是一個失敗的公司。管理者的一個重要的職責就是維持企業內部的協調，而要維持協調，就應該實行優化組合。

1　通才。個人的綜合能力和素養是一個人一生的發展基石，決定著其一生成就的高低。這類人才知識面廣博，基礎深厚、善於出奇致勝、集思廣益，有很強的綜合、移植、創新能力，善於站在策略高度深謀遠慮。當中階主管本身還不是這類通才時，一定要選拔通才副職，以為肱股智囊。有這樣難得的人才輔佐你，還怕你的管理工作沒有高效?

2　補充型人才。該類人才又分兩種，一是自然補充型，二是意識補充型。這類人才最適於做中層副職或者助手。自然補充型人才具有中層管理所沒有的長處，進入團隊便順乎自然的以其之長補中層之短，強化了團隊優勢。此類人才主要在於中層善於挑選。意識補充型人才能自覺意識到自己的地位、作用，善於領會中階主管的意圖，明白你的長處與短處，積極的以己之長去彌補他人之短。有些企業中層還為自己配置多名副職，這樣一來，幾個副職之間一般不像上級對下級那樣具有法定的領導權和統御權，他們之間既是天然的合作者，又是潛在的競爭者，因此可以為團隊注入很多活力。但這種配置也有一定的缺陷：由於幾個副職之間頻繁、直接的接觸，各人分管的工作又不相同，彼此間生活經歷、個性習慣、工作方式方法差異較大，在一些問題上難免產生分歧和矛盾，這些不利因素如果處理不當，就會產生隔閡，造成內耗，使團隊「拳頭不硬指頭硬」。因此，中階主管在配置這種人員時必須注意德行的考核。

3 強勢人才。競爭激烈的企業需要有強勢競爭意識的人才，企業之間的競爭最終靠的是綜合素養。強勢型人才有能力、善應變、勇打拚，無嫉妒之心，有趕超之志，敢冒風險，爭取重大成就。有時會對中階主管造成某種心理壓力、推力。中層應意識到強勢人才是開創新局、拓寬道路所必需的。中階主管應關心這類人才的成長，盡量為他們提供公平競爭的平台。公平競爭是強勢人才脫穎而出的源泉，只要團隊有一個平等競爭的機制，確切來說，必須是一系列客觀的、公正的、合理的團隊制度，在這些制度面前人人平等，沒有受個別上司意志的干擾，這樣才能使樂於競爭的人才的才幹和實力得到充分的展示。

4 潛力人才。這種人才一般是剛剛進入社會，他們有知識能力，但缺乏實際操作經驗，處於潛隱階段，需經過一定的培養、實踐、訓練、考核，方能脫穎而出。但也正由於他們不擅長展現自我，不會講客套話、假話，中階主管一定要認真解讀他們，這樣他們的才華才不至於被「不識人」者所耽誤。潛力型人才似待琢之玉，似塵土中的黃金，沒有得到承認之前還尚未顯露自己的價值。身為企業中層的你要獨具慧眼，發現並重用潛力人才。我們常聽一些中階主管抱怨自己的團隊缺乏人才，這種觀點有失偏頗。其實現在大部分企業裡並不缺乏人才，真正缺的是「伯樂」，或者說團隊缺乏一個完善的人才評價標準，缺乏一個團隊客觀公正的競爭機制，以致真正的潛力人才就在身邊，卻被埋沒了。

5　個性人才。不少中階主管在選人用人時，喜歡「聽話」的人。其實，真正能做大事的人才，絕不是喜歡奉承、討好上司和唯命是從的人，而是有個性、有自尊的人。他們觀點鮮明，不善於或不屑於小心翼翼的看別人的臉色，謹小慎微的左右周旋和曲意迎合，他們甚至有時候為了堅持意見會和上司掛電話、拍桌子，使你「下不了台」。應該說，這種帶著「稜角」的人才，可能恰恰就是成就團隊事業的菁英。如果你是稱職的中階主管，在選才時就不要問有個性的人才「他能與我合得來嗎？」而且要能夠忍受他向你發脾氣。從某種意義上說，你之所以能擔任中階主管，其中很大一個原因就在於你有與個性人才共事的能力。

6　老牛人才。老牛人才是每個團隊必需的人才。這類人才不像那些靠拍馬屁而得志者，他們埋頭實做，任勞任怨，高效率、高品質、高節奏，是「二號人物」身邊不可缺少的人才。但是，他們在許多情況下又不善於保護自己，往往為明槍暗箭所傷。中階主管應善於保護他們。

7 勇敢人才。這種人才通常能夠較好的完成常規性的任務和重複性較大的工作。除此之外，他們思想比較開放，富有理解力、創造力和想像力，善於獨立思考問題，能開拓新的工作方式，對事業有強烈的進取心和獻身精神。勇敢型人才一般都有鮮明的個性，往往是優點突出，缺點也明顯，不那麼守規矩，勇於堅持原則，敢想、敢做、敢為，直陳己見，不怕得罪人，有的人甚至被人認為好高騖遠、狂妄、出風頭等。正是有山峰必有峽谷。如果中階主管對這種人才能摒棄偏見，加以正確引導並委以重用，他將會回報你比別人高幾倍甚至是幾十倍的成效。

8 實做人才。這類人才是任何時代、任何企業中階主管都歡迎的人才。當今時代，真正的實做者已成為企業的寶貝。許多人把實做型的人才理解為「聽話」的人才，不善於向你發表意見，一味秉承管理者吩咐做什麼就做什麼、指哪去哪的作風。其實這樣的人才根本算不上真正有用的人才，真正有用的實做型人才應該是對管理者的指示能舉一反三，按正確方向把事情辦得更完善、更滿意；如若勇於對中階主管的決策提出不同意見甚至反對意見，勇於批評、揭露、糾正你的錯誤，不計個人得失，以團隊的事業為己任，勇於力排眾議，或犯顏直諫，或提出自己的代替方案，那就更是難得的實做型人才了。實做是一種美德，對於在商戰中激烈競爭的團隊來說，把實做者視為團隊的一大財富，並予以重用，無疑是明智之舉。

打造學習型團隊

即使你是一個的管理天才，也從來不會放棄對自己知識素養與管理能力進行充電。如果沒有充電，亞伯拉罕．林肯就不可能從小木屋走向白宮；如果沒有充電，探險家羅伯特．皮里就不會以自己的幻想樹立起征服地球極點的目標；如果沒有充電，年輕的班傑明．迪斯雷利就無法從英國的下層社會奮鬥到上層社會，直到最後成為一個世界大國的首相……這一切都清楚的說明，一個有上進心的人，再沒有什麼比自己平時不停歇的充電更重要的了。

作為企業的中階主管，不但自己要會工作，還要教會員工如何完成任務。真正優秀的公司，不僅僅在於薪資水準，而且在於公司能否讓員工得到鍛鍊成長的機會。

給員工魚吃只能使他「做對事情」，授員工以漁則可以使他「以正確的方法做事」，不僅要做正確的事，還要正確的做事，這是所有企業能夠長青不敗的基本祕訣。知識更新速度加快的時刻，公司已不可能承受停止學習所帶來的災難性後果，發掘每個員工學習的潛能是企業成功的必經之路。在劇烈競爭的狀態中，比對手學得更快就意味著擁有最穩定的競爭優勢。奇異的前總裁傑克．威爾許說：「一個企業學習的能力，以及把學問迅速轉化為行動的能力，就是最終的競爭優勢。」學習型企業對所處環境極其敏感，造就了公司創新與適應的能力，在全球化時代特別需要這種能力。

作為中階主管，僅僅授人以漁是不夠的，中層首先得意識到學習的重要性並不斷倡導學習。

縱觀美國排名前二十五位的企業中，有八成的企業是按照「學習型組織」模式進行改造的。毫無疑問，隨著科技的進步和知識更新速度的加快，不管是主管還是一般員工，一定要不斷的學習，更新自己的知識，才能適應日趨激烈的競爭。也只有不斷學習，使自己成為「知識型員工」，才能適應企業發展的需求。尤其是在這個知識、技術快速更新換代的時期，中層只有透過不斷的學習，才能跟上時代，才能以不變應萬變。

當然，作為一個企業，最重要是要形成企業學習的文化，有自己的學習策略，塑造團隊學習氛圍。

布魯諾是美國一家公司的執行長。該公司是紐約市一家擁有八十五名雇員的票據檢查服務公司，它代銀行、法律機構和其他工商組織檢查公開紀錄。這是一項艱難的、不討人喜歡的工作。從事這項工作的大多數公司在人員培訓方面，除了基本的職位培訓外，幾乎不做任何其他工作。然而布魯諾這位人才培訓開拓迷甚至從新雇員第一天上班起，就向他們撒播要永遠注重技藝建設、個人發展和職業行為的種子。

所有等待應徵的人員都要與部門經理、人力資源管理者和八名公司雇員會見交談，最後再與布魯諾交談。該公司的委託人服務經理喬治認為，在本公司工作的先決條件是要具備學習能力。

布魯諾本人竭力使應徵者能做好充分準備來完成他本人的期望，也就是他對應徵者的期望。布魯諾說：「我的工作是說服他們接受公司，並告訴他們，一旦選擇到我們公司工作，他們本人能夠得到什麼。我對他們說明公司是一個普普通通的團隊。在這家公司有許多學習的機會，但是沒有想像中的各種頭銜。我告訴他們，如果我們期望你做的事會使你神經緊張、忐忑不安的話，那就是好事，如果你打算在這裡得到幸福快樂，你必須要有在你的舒適安逸區以外生活的意願。」

每一位中階主管都要負責鑑定和提高雇員的專業技能。各部門經理和管理者要教授公司「大學」

的十六門課程。這些課程包括軟體操作、人際關係、工商法和銷售，以及市場營運等。布魯諾向全體雇員進行領導方面的培訓，每位經理都要有選擇的在本部門會議上進行一些適當的學習訓練。例如，喬治在每次和他的下屬會面以前，總要向他們提出一個與工作有關的課題，如改進業務的方法、對改變公司運作有什麼打算或者有沒有特別令人憤怒的事等等。

該公司透過各種正式的儀式、個人獎勵和有形報酬等措施來支持每個雇員學習新技藝的要求。喬治說，每位中階主管的一部分工作是鞭策雇員學習新技藝，還要親自了解和鼓勵他們的進步。公司有一年舉辦了全公司範圍的答謝活動，確認已經完成課程學習的學員的成就，並向他們頒發了小獎品。學習和教授雇員也是提高個人薪資和個人在公司地位的一把鑰匙。

這家美國公司的學習策略具有兩個目的。首先布魯諾的目標是要明顯加強本公司的技藝基礎，對此他深信不疑，其次是在公司內形成一種良好的風氣，並堅持不斷的反對驕傲自滿的情緒。布魯諾曾說：「世界在日新月異的變化著，即使你不斷改變主張，也跟不上它的變化。成長總是伴隨著改革，改革總會使人感到不自在。但是，如果你每天都不做令你感到不自在的事，就意味著你在喪失你的地盤。五年前我們的所有票據結算工作都是手工、在紙上完成。當時如果你告訴委託人五天內可以拿到結算文件，他們會很高興。今天一切結算都用電腦完成，銀行答應三日內批准貸款，我們就得據此做出回應，用戶希望一夜之間交出文件或者要直接使用我們的資料庫等，再也沒有可能使你能像昨天那樣工作，如果你停留在昨天的節奏和水準，你就再也不能生存下去了。如果你總是舒舒服服的處理自以為熟悉的事情，你將再也不能滿足客戶的需求。」

中階主管倡導團隊學習、制定成功的學習策略意味著：自己必須充分意識到學習在決定組織目標時的作用。必須弄清自己需要的知識技能和這些知識技能的源泉。必須調整學習以達到創新和改革的目的。

第六章　執行，從中層開始

在管理界有句俗話，叫做「三分策劃、七分執行」。沒有執行，管理就不能真正落到實處。僅有策略並不能讓企業在激烈的競爭中脫穎而出，只有執行才能讓企業創造出實質的價值。中階主管想練就高效能的錚錚鐵骨並不是一件容易事。既需要良好的先天素養，更需要後天的刻骨修練。

態度決定成敗

心態好比一顆種子，把它培植在肥沃的土壤裡時，它會發芽、成長，並且不斷的繁殖，從一顆小小的種子變成數不盡的果實。這就是心態之所以產生重大作用的原因。積極的心態能夠激發起中階主管的所有聰明才智，而消極的心態卻像蛛網纏住昆蟲的翅膀一樣，束縛著中層，使你的才華無法得到發揮。心態問題是一個帶有全局性、長期性、基本性的問題，中層的心態更是如此。如果他們的心態有問題，不僅自己難以在企業裡立足，而且還會對員工、客戶等造成不同程度、不同形式的傷害，這些會直接影響企業的績效。

對於一個優秀的中階主管來說，才能不是關鍵，態度決定成敗。首先是一個態度，態度決定一切，態度勝於能力，一個人只要想做，能力是可以練出來的，但是如果沒有好的態度，即使他原來是塊金子，一樣會演變成一塊廢鐵，因為他的態度不對，就會導致他的行為錯位。

對於一個企業來講，人才是重要的，但是更重要的是真正有責任感的中階主管，有責任的中層首先要有好的工作態度。有人做過這樣一個實驗：如果給你一張報紙，然後重複這樣的動作：對折，不停的對折。當你把這張報紙對折了五十一萬次的時候，所達到的厚度有多少？一個冰箱那麼厚或者兩層樓那麼厚，這大概是你所能想到的最大值了吧？透過電腦的模擬，這個厚度接近於地球到太陽之間的距離。

的確，就是這樣簡簡單單的動作，是不是讓你感覺好似一個奇蹟？為什麼看似毫無分別的重複，會有這樣驚人的結果呢？換句話說，這種貌似「突然」的成功，原因何在？鞦韆所蕩到的高度與每一次加力是分不開的，任何一次偷懶都會降低你的高度，所以動作雖然簡單，卻依然要一絲不苟的「踏實」。其實，這樣的動作和事情我們每個人都會做，但又不屑於做，他們貫穿於整個日常生活，甚至不記得自己完成了這樣一個動作。比如你每天都會丟垃圾，你會記得你用怎樣的動作扔掉的嗎？這也正像全世界都談論變化、創新等時髦的概念時，卻把踏實給忘記了，踏實首先是一種態度，一種辛勤耕耘的態度。

心態決定一個人發展的方向和生活的軌跡。擁有積極心態的中層，能夠按照自己選擇的道路順利而愉快的走下去；而一個心態消極的中層，在各種壓力面前就有可能萎靡不振、精神焦慮，因而無法取得事業的進步和成功。事業成功的中層，往往是那些能夠以積極的心態去做他自己想要做的事的中層。

美國中南部某個州的高速公路計劃造八座橋梁，這八座橋梁總造價為五十億美元，為了挑選設計公司，他們向工程公司約談此事。結果只有四家大公司提出了建議書，其餘十七家都是小公司，其中有十六家被嚇走了。他們認為工程太大，做不了，自認為無法與大公司競爭。只有一家小公司提出了建議書。他們相信自己能做到，結果他們爭取到了合約，也做成功了，這個事例充分展現了態度決定成敗的道理。

而中階主管的能力再高，如果沒有好的工作態度，也不一定會成為公司的棟梁，即使你今天是人才，明天未必是人才。能力再強，跟不上時代的步伐、企業改革的需求，就會成為企業發展的絆腳石，因為企業不會給每個人太多犯錯的機會，當然市場也不會給企業很多犯錯的機會。才能不是關鍵，態度決定成敗，無論何時，企業家要保持謙虛和執著的態度。

態度決定成敗的道理不算複雜，分析起來有正反兩層涵義：一是有好的態度才能有好的結果；二是沒有好的態度就不會有好的結果。

西點軍校有一句名言就是：「態度決定一切。」沒有什麼事情做不好，關鍵是你的態度問題，事情還沒有開始做的時候，你就認為它不可能成功，那它當然也不會成功，或者你在做事情的時候不認真，那麼事情也不會有好的結果。沒錯，一切歸結為態度，你對事情付出了多少，你對事情採取什麼樣的態度，就會有什麼樣的結果。

三個工人在砌一面牆。有一個好管閒事的人過來問：「你們在做什麼？」第一個工人愛理不理的說：「沒看見嗎？我在砌牆。」第二個工人抬頭看了一眼好管閒事的人，說：「我們在蓋一幢樓房。」第三個工人真誠而又自信的說：「我們在建一座城市。」十年後，第一個人繼續在另一個工地上砌牆；第二個人坐在辦公室中畫圖紙，他成了建築師；第三個人呢，成了一家房地產公司的總裁，是前兩個人的老闆。

態度決定高度，僅僅十年的時間，三個人的命運就發生了截然不同的變化，是什麼原因導致這樣的結果？是態度！

一個人有什麼樣的心態，就會有什麼樣的追求和目標。具有積極、樂觀心態的人，其人生目標必然高遠；有了高遠的目標，必然會為之努力。有努力必有回報。第一個工人總在抱怨生活的不公，心情是鬱悶的，想的都是一些令自己不愉快的事，回答別人的問題時都是滿肚子怨氣。第二個工人要比第一個工人心態好，儘管也是在砌牆，但他卻把這堵牆當做一棟樓房來建，心裡想的是如何將樓房建設得更好。第三個工人心態最好，工作那麼辛苦，他還那麼自信那麼專注。人最可貴的就是「認真」二字，第三個工人把砌牆這樣的小事視為一項偉大的事業，十年後成為老闆也就不足為奇了。

是的，一加一可能大於二也可能等於零。一分的能力加上一分積極肯做的態度，可能創造出三分的成績；而擁有一百分的能力，卻沒有一分想要做好工作的態度，很可能一事無成。

其實，不會做不要緊，只要想做，就可以透過學習、鑽研，達到會做；會做，但不想做，工作肯定做不好。一個企業最希望擁有的優秀中階主管是能夠勝任這項工作的人。勝任所代表的不僅是能力，更重要的是道德、人品、責任感、上進心等職業素養。

贏在執行

臨下班時，公司董事長把總經理叫到跟前說：「你去安排兩個員工布置一下會議室，明天我要用會議室談判。」隨後總經理就叫來兩個員工照本宣科的說：「你們兩個去布置一下會議室，明天董事長要用會議室談判。」

第二天，會議室沒有按慣例擺上鮮花，董事長問明緣由後，被責罰的不是那兩個員工，而是總經理。原因何在？這個總經理實際上犯的一個基本之錯就是失職。這一失職，就是現在人們常說的三個字：執行力。

一個成功的企業，策略先行，執行隨後！美國一間公司董事長曾說過：「一個企業的成功，百分之五在策略，百分之九十五在執行。」如果中階主管無法有效的執行，就沒有團隊的成功！所謂執行力，就是企業管理當中制定的一整套行為和技術體系。它能夠使企業形成自己獨特的發展優勢和競爭優勢，是決定成敗的一個重要因素。

時下，儘管有些企業的管理已經取得了長足的進步，但必須看到，跟頂尖企業還有相當大的差距，包括團隊的管理、自身水準、品牌的競爭等等。毫無疑問，逆水行舟不進則退，這是誰都不能改變的事實——滿街的咖啡店，唯有星巴克一枝獨秀；同是做PC，唯SONY獨占鰲頭；都是做超市，只有沃爾瑪雄踞零售業榜首。這是因為這些脫穎而出的企業本身就具有很強的執行力。反觀一些企業，做表面文章的管理者大有人在，但一到執行時，逃脫的逃脫，躲避的躲避，推卸的推卸；一到問責，不執行者反倒可以「一身輕」，什麼執行力，什麼團隊精神，通通見鬼去！

執行力一般有三個方面。第一是建立科學的分配、獎勵、用人、考核機制，激發員工的積極性、創造性，實現機制創新。要結合自身和實際，完善人力資源管理模式，使團隊的領導職位能上能下、人員能進能出、收入能高能低，以人為本，充分發揮人力資源在創造財富中的作用，從而實現從人事管理向著人力資源管理的轉變。其次是優化產業結構，打造知名品牌和名星產品，實現結構創新。想發展成具有國際競爭力的大企業集團，必須進一步抓好結構創新，這是做強、做大的根本途徑。要突出抓好組織結構、產業結構和產品結構三個方面的調整，突出打造知名品牌和擁有自主智慧財產權的名星產品。其三，探索現代團隊管理的新方法，推進由傳統型管理向策略型管理的轉變，實現管理創新。透過實踐，加大企業管理，練好內功，使管理上擁有更高水準，以期實現由傳統型管理向策略型管理的轉變。

沒有真正執行力的團隊注定不會長久，他們必然在激烈的競爭環境中敗下陣來。只有那些建立執行力文化的團隊才具有競爭力，才可能得到健康的發展。

某間企業因經營不善而破產，後來被日本一家財團收購。廠裡的人都在翹首以盼日本人能帶來什麼先進的管理方法。出人意料的是，日方只派了幾個人來，除了財務、管理、技術等重要部門的高級管理人員換成了日本人外，其他的根本沒動。有意思的是，制度沒變，人沒變，機器設備沒變。日方就一個要求：把先前制定的制度堅定不移的執行下去。結果不到一年，這家企業就轉虧為盈了。

執行力不僅能顯示企業主管的人格力量，而且由此產生的示範和凝聚作用，能夠有效激勵和團結下屬，共同達成團隊目標。說到底，執行力也是一種決策力。有著良好執行力的中階主管必須是務實的決策者。從這個意義上講，真正稱職的中階主管時時刻刻都不能丟棄這樣一個理念：以執行為天職。當然，企業的執行力最終表現為企業競爭力。企業力量需要主管去協調，下屬的行為需要被激勵和約束。

執行力的高低對於同類企業來講，他們之間的差距絕不僅僅是執行的本身，而是執行的效果。微軟老闆比爾蓋茲曾坦言：「微軟在未來十年內，所面臨的挑戰就是執行力。」ＩＢＭ的葛斯納也說：「一個成功企業和管理者應具備三個基本特徵，即明確的業務核心、卓越的執行力及領導能力。」

從某種意義上講，企業是一個執行團隊。團隊裡每一個員工的執行力的綜合考評結果決定著團隊是不是一個好團隊，是不是一個能有效達成目標的團隊。要強化團隊整體的執行力，中層必須以身作則。另外還要有好的管理機制，充分展現人才的自我價值和執行力的最大發揮。從這個意義上講，執行應該成為團隊文化的重要組成部分。執行力的好壞決定了團隊的成敗。

執行是一個比較「硬性化」的過程。由於這個過程不像做文章那樣可以一目了然，由於它需要行動去實施，因而就顯得比較瑣碎、具體，涉及的環節較多，時間也較長，執行應該屬於非常微觀的管理範疇。在執行過程中出現的薄弱問題也就不像其他管理問題那麼明顯，因而經常會被管理者乃至執行者忽視。但是，團隊運行管理策略的決定因素不是策略本身，而是其執行程度，因為再高明的策略也不可能在沒有執行的前提下自動得以實現，因此，忽視執行過程當中出現的問題往往導致其成為團隊管理中無形的「軟肋」，並使得企業制定的宏圖大略游離於形式與空談。

形成執行不力的原因是多方面的。歸納起來，最有代表性的大致可列以下幾種：

1 干擾。在於團隊內部的科層制管理體制決定了訊息傳遞是一個逐級多鏈條的過程。而訊息在多級傳遞過程中很可能會受各種干擾而造成失真，特別是一些大型的團隊，內部結構比較多，程序也多，從上到下的訊息傳遞自然要經過多層環節，受干擾的機率越高，失真的可能性也就越大。

2 不精確。一個方案從企劃到實現可能要經過「邊嘗試邊論證」的多個階段。而每個階段對整個方案都是散件，但對執行者來說都是完整的行動。在企劃案不精準，現實性、可操作性可能出現中途變化的情況下，對於執行問題、意外估計不足或缺少不同情境下的備選方案，導致執行過程中必須反覆請示、反覆核實，由此延緩了落實的進度。

3　責任不明確。團隊內部分工不明確，以致團隊高層的意圖在層層下達、貫徹執行時，就會出現相互推諉的情形，人人負責的結果是人人都不負責。這種問題一直是困擾企業的老問題，但是因其涉及到部門衝突乃至利益劃分等問題，也不容易被公開提出來。最後吃虧的還是企業。

4　偏差。在於團隊中層的誤讀。傳達高層思路的過程，本質上也是對訊息進行解碼再傳遞的過程。因而，倘若中層領會有偏差，或「一種方案，不同理解」，以訛傳訛，也會出現「南轅北轍」的結果。

5　缺乏協調。企業本身實力不濟，高層主管雄心勃勃，但由於資本或人力接不上，內部流程不順，正規化程度不高，導致上級安排的工作很難順利的推進下去，最後仍要花費額外的協調工作才能辦成。

6　過分迷信。高層管理者以為靠業績和獎懲可以主宰一切，然而中層卻往往是屬於「扶不起的阿斗」，缺少執行的技巧和能力。團隊高層以「放手發揮下屬的主觀能動性」理論為指導，或以「不管黑貓白貓，抓到老鼠就是好貓」的管理哲學來指導工作，最終卻因中層能力不濟導致目標遲遲不能達成。

企業成敗的關鍵是執行

企業要實現「辦一流企業、出一流產品、創一流效益」的經營宗旨，解決管理中存在的問題，就必須打造一流的企業執行力。因為執行不力是企業的最大內耗，將會直接導致經營目標的達成效率大打折扣，影響企業的整體利益。不僅會消耗企業的大量人力、財力，還會錯過機會，影響企業的策略規劃和發展。執行力是企業管理成敗的關鍵。

奇異前總裁威爾許被譽為「世界經理人的經理人」，他經常手寫一些「便條」並親自封好後給基層經理人甚至普通員工，以此來溝通，且他能叫出一千多位奇異管理人員的名字，親自接見所有申請擔任奇異五百個高級職位的人等等。正是透過這些簡單有效的辦法，使威爾許的策略得以有效貫徹下去，形成一個具有強大執行力的優秀團隊。

一個企業即使有偉大的目標與構想，再完美的操作方案，如果無法強而有力的執行，最終也只能淪為紙上談兵。要加強企業執行力的建設，就要在組織設置、人員配備及操作流程上有效結合企業現狀，將企業整合成為一個安全、有效、可控的整體，並利用在制度上減少管理漏洞，設定目標標準，落實有效監督，企業執行力自然就會得到有效提高。

戴爾對執行極為內行。他所運用的直接銷售與接單生產方式，並非僅是跳過經銷商的一種行銷手法，而是企業策略的核心所在。雖然當時康柏的員工數與規模超出戴爾很多，但戴爾的幣值在多年前就已超前，關鍵就在於執行力，而這也正是戴爾取代康柏，成為全球最大個人電腦製造商的原因所在。戴爾的眼光獨到之處在於接單生產、優異的執行能力，再加上盯緊成本，就讓其立於不敗之地。要實施好一整套流程，需要超強的執行力，任何一個環節失誤都會影響最後的產品交貨，戴爾正是抓住了事情的要害，將工作的重中之重放在執行上，嚴格把控每一個環節，最終實現了流程的暢通，成為直銷老大。

從以上的案例中可以看出，策略的正確並不能保證公司的成功，成功的公司一定是在策略方向和執行力兩個方面都到位。可以說，執行力在公司的發展中起到了更持久的作用，它不僅可以執行策略，而且可以在過程中鞏固，優化策略的方向，形成策略制定和策略執行之間的雙向互動。

企業發展速度要加快、發展品質要提高、發展規模要擴大、企業壽命要延長的條件下，除了企業的決策層要不斷善於捕捉發展機遇，制定出好的策略之外，更重要的是要具有實施這一策略的執行力，它是企業貫徹落實領導決策、及時有效解決問題的能力，是企業管理決策在實施過程中原則性和靈活性相互結合的重要展現，是企業生存和發展的關鍵。

企業要成功，光有好的決策是不夠的，還必須加上強有力的執行力，才能達成策略目標。我們很容易發現這樣一個現象，那就是一個大公司和小公司的經營策略往往是大同小異的，也就是說無論是大公司還是小公司，都可能有一套屬於自己源於實際而且又非常理性的策略套路。但為什麼最後的功效卻千差萬別，有優有劣呢？是因為他們在最後的執行環節上出現了差別。可以毫不誇張的說，一家公司與競爭對手的區別，不在於企業高層策略的宏偉與否，而在於它策略的可實施性和最後的執行能力。

那些優秀的企業，都有清晰簡單利於執行的策略，因為執行力關係到企業競爭力的強弱，關係到企業發展的命運。做事應該腳踏實地，一步一個腳印，而不能急功近利。

越是精煉的策略，指導性越強，越容易執行，這不是一蹴而就的，而是需要一個過程來完善，因此，企業在提高企業執行力的過程中，一定要對此有一個清楚的認知。

日產因為巨額虧損，故將部分股權賣給法國最大汽車廠雷諾，雷諾派遣卡洛斯·戈恩擔任執行長，戈恩即於當年年底展開「日產復興計畫」，後又於二〇〇二年推動「NISS A N 180」三年計畫。結果，日產二〇〇三年度上半期營業利益達到四千零一十一億日元，並連續七期更新過去的最高利益，創下全球汽車業最高紀錄。有許多人驚訝的問戈恩：「為什麼日產改革能夠成功？」戈恩說：「答案就在公司裡！」理由是什麼？因為日產的改革是靠原來員工的創造力，去執行戈恩所定下的願景。他們從「創造力」促進「執行力」以達到最佳結果。

因此，要想讓企業能適應時時刻刻變化的環境，要制定切實可行的策略和簡單有效的行動方案，進而發揮出企業優秀的執行力。

臺灣某家電器公司曾在一九九七年做過一次組織扁平化的改革。該公司當時進行組織改造的原因有兩點，一是一九九六年家電產業受整體經濟不景氣走勢低迷及市場飽和的影響，公司營運獲利大幅度降低，未來市場前景未卜；二是全球產業的趨勢轉向新興的科技電子資訊市場發展，使高度成熟的家電業倍感壓力。為了拋開企業包袱，提高公司形象及經營績效，公司設立了革新小組，對部門進行了調整和組織扁平化，並制定了應對當前情況的簡單可行的策略。原公司人事架構共有九級，任務分派不清，許多人的工作是重複的。扁平化之後，削減了兩成經理級以上的主管人員，把原來的九級縮減為三個層級，在扁平化的組織架構下，公司初步分為營業本部、電子事業部和家電事業部。事業部之下則設戰鬥體，事業部設有總經理一名，各戰鬥體之下設經理和專員。這樣一來，削減了中間主管，縮短了決策過程，下面直接對董事長和總經理負責，從而提高了整體的生產力。此外，還把公司的策略目標做了進一步調整，除了生產原有的產品外，還要致力於開發新型的電子電器產品，讓員工對公司的策略有一個清楚的認知並能高效的執行。

這種調整組織結構的做法不僅使企業的溝通暢通無阻，更使公司的策略變得簡單可行，相應的，執行力得到了提升，生產效率也得到了提高。所以，有好的策略，又有好的運轉機制和標準來執行這個策略，企業才有可能獲得成功。

企業要成功，第一是要做正確的事，然後才需要正確的做事，再次是把事情做好。換言之，當我們遇到執行不力的問題時，首先應該分析的是決策的有效性以及待執行方案是否科學周密。只有確實有效的策略方案，才能被有效的執行。

競爭力等於執行力

企業競爭的優勢，並不在於知道如何做好事情，而是是否具備足夠的執行力。可以說，沒有執行力的企業就沒有競爭力，執行力是企業核心競爭力的最有力的保障。

一位老農的田地中，多年以來橫亙著一塊大石頭。這塊石頭碰斷了老農的好幾把犁頭。老農對此無可奈何，巨石成了他種田時揮之不去的心病。一天，在又一把犁頭打壞之後，老農想起巨石為他帶來的無盡麻煩，終於下決心要除掉這塊巨石。於是，他找來撬棍伸進巨石底下。他驚訝的發現，石頭埋在地裡的並沒有想像中的那麼深，那麼厚，稍微用力就可以把石頭撬起來，再用大錘打碎，從地裡清除。老農腦海裡閃過多年來被巨石困擾的情景，再想到本可以更早些把這樁頭疼事處理掉，忍不住一臉苦笑。

在企業管理中，中階主管往往會遇到反覆出現的問題或不良現象，如果諱疾忌醫或拖延了事，積壓下來，就必然會為企業帶來困難，甚至使企業的生產經營活動無法正常進行，嚴重時還會威脅到企業的生存。所以，中階主管對企業管理中出現頻率較多的問題，不應迴避，而應抓住苗頭，及時調查，追根溯源，找出解決問題的途徑和辦法。

執行力是企業和個人貫徹落實企業決策的力度。企業的策略與計畫固然重要，但只有執行力才能使之展現出實質的價值，只有執行力才能將這些落到實處並進行有效的結合，這才是在競爭中取勝的根本保證。當企業缺乏執行力時，它擁有的一切優勢就難以貫徹，就會失去生存和成功的必要條件。可以說，沒有執行力，就沒有核心競爭力。

當年，臺灣首富郭台銘有個客戶是全世界最早做筆記型電腦的公司，地址是在美國芝加哥密西根湖邊。由於這家公司交不出客戶的訂貨，於是請郭台銘公司開發。結果，一些材料無法適應芝加哥的寒冷天氣。為此，郭台銘特地趕到美國去，才發現連接器必須做零下五十度的測試。因為公司在設計時，沒有考慮到美國溼冷的天氣，沒有設計環境溫差試驗，產品到那邊產生了很多問題。郭台銘當時身兼業務之職，自己提了皮包連夜跟著客戶做檢查。當時，郭台銘認為即使賠錢，也得讓客人換貨。到了工廠，就把全部有問題的貨從生產線上挑出來。幾乎是把客人挑剔的貨重新生產，再空運去美國。同時，當他到美國去幫客人找到問題、解決問題、把貨換過來時，在臺灣的所有部門都是二十四小時不眠不休的進行接力賽。他在美國親自指揮，兩個星期之內把貨全部換好，滿足了客人的要求。可以說，要完成這樣一項緊迫的任務，沒有超強的執行力度是辦不到的，這次美國市場的事件，也使他們得到了寶貴的經驗。

在競爭過程中，誰能夠勝出就看誰有執行力。執行力需要有一個明確的目標。只有當目標明確後，執行力才有了前進的方向；目標明確後，不同的職能部門、不同的員工在工作中才能形成一股合力，從而更好的發揮出企業團隊的力量，表現出知識與技能的聚合作用，從而更好的完成目標。

中階主管往往都會把缺乏執行力的原因歸咎到各個方面，卻忽略了分析自己，從自己身上尋找根源。事實上，執行力是中階主管意志的展現，倘若中層的管理能力較差，後面有關執行力的所有事情將無從談起。假如中層怕承擔責任，最後的結果只能是大家相互推諉的情形多了，勇於承擔責任的人少了；假如中層的管理不到位，只能讓大家習慣公司雷聲大雨點小的現象；假如主管走形式主義，企業的各種文件、各種規章也成為一紙空文。這一切即使有著「嚴管重罰」的牌子，同樣無法產生什麼執行力。因此，一些企業執行力薄弱的根源恰恰是在中階主管身上。

企業內部對合作的要求更加嚴格，一個部門和員工的任務完成不了，就會影響整個項目。如同「木桶理論」的原理，一隻水桶能裝多少水不但取決於最短的一塊木板的長度，還取決於木板與木板之間的結合是否緊密。如果木板與木板之間存在縫隙，同樣無法裝滿水。因此，一個團隊的執行力不僅取決於每一名成員的能力，也取決於成員與成員之間的相互合作、相互配合，這樣才能形成一個堅強的整體。這需要中階主管提供員工一個發展的平台，要採取措施，有效提高員工的素養。

要讓他們明確工作的方向、工作步驟、工作要求，讓員工熟練掌握和了解各項專業技能，在執行中避免政策的變形。同時，中層還要對員工進行有效的評價和引導。

一些企業缺乏執行力的根源正是在於制度：制度經常朝令夕改，讓員工無所適從；制度本身不合理，缺少針對性和可行性，或者過於繁瑣不利於執行，最終的結果是決策得不到有效的執行。關於核心競爭力，我們可以提兩個問題。第一，什麼是核心競爭力；第二，你的核心競爭力靠什麼來保障。答案都是執行力。

現在，有些企業出現了這樣一個惡性循環：高層怪中層，中層怪基層，基層怪中層，中層又反過來怪高層，形成一個循環，卻沒有一個人真正的負責，按本分做好他的工作。如果企業能像麥可．戴爾講的，在每一個環節和每一個階段都一絲不苟，就不會有這麼多推諉卸責的現象。再有實力的企業，如果無法不斷有效改進自己的工作，都將像「龜兔賽跑」中那隻高傲自負、不思進取的兔子一樣，被自己那原本弱小的對手趕上甚至超越。

中階主管之所以有優秀與一般的不同，在於優秀者更有實現構想的能力，即一個中層的執行力，而不是空有想法。只有落實更到位，執行才更有效果。

提高執行水準

一位國際公司的顧問指出：「企業的策略之所以失敗，其原因就在於它們沒有被很好的執行。執行長要為此承擔絕大部分責任，不是他沒有足夠能力去落實，就是他做出了錯誤判斷。」

對一個企業來說，良好的執行力必須以相適應的結構、流程、企業文化和員工素養能力為基礎。對一個中階主管而言，執行力主要展現為一種總攬全局、深謀遠慮的洞察力，一種突破性的思維方式，一種設定目標、然後堅定不移的完成目標的態度和行為，一種雷厲風行、快速行動的管理風格，一種勇挑重擔、勇於承擔風險的工作作風等。

中階主管的執行力是多種素養的結合和表現，而絕不是某項單一素養能力的考評。如果中層自己沒有主見，只任憑老闆說什麼就是什麼的盲從，或不計後果不顧大局的衝動魯莽，或說一不二、一言堂等直白的執行方式，都不是企業所需要的執行力。否則，企業將陷入非左即右、矯枉過正的泥潭。

由此可見，執行的關鍵是中階主管的執行力。如何才能提高中層的執行力？且以一支球隊的教練為例來說明。教練的主要工作應當是在球場上完成的，他應該透過實際的觀察來發現球員的個人特長，只有這樣才能為球員找到更好的位置，將自己的經驗、智慧和建議傳達給自己的球員。對中階主管來說也是如此，只有那些參與到企業管理當中的中層，才能擁有把握全局的視角，並且做出正確的決策。為此，中層必須親自執行三個流程：挑選管理團隊、制定策略、引導團隊營運。並在此過程中落實各項計畫。

上述各流程都是執行的核心，而且無論企業大小，都不應該將其交付給沒有責任的管理者。如果一支球隊的教練只是在辦公室與新球員達成協議，而把所有的訓練工作都交給自己的助理，人們可以清楚預料到結果會怎樣。

首先，老闆應該與中層共同在企業內部組建一種讓下屬信服的「執行文化」。在建立企業執行文化的過程中，中階主管的示範作用非常大，從某種意義上說，中層的行為將決定其他人的行為，從而使其演變成該企業文化中的一個重要組成部分。中階主管必須展現一定的魄力，比如，早上交代的事，下午做不完就不會回家。有了這樣的示範，員工就會完成既定的任務。如何讓員工心悅誠服的自動自發，將工作執行得更好？最重要的就是要將獎勵制度和執行力連結起來。假設中階主管將員工的執行力分為A、B、C三級，接下來，一定要破除情面，拉大三者間的獎賞差距，這樣才能培養出有執行力的文化。

其次，中階主管自身必須有一定的執行能力。這個執行能力包括企劃、協調、籌措、掌控等。要了解成敗的關鍵，知道如何籌措資源，如何讓整個企業各部門同時受益，如何說服其他主管配合，如何審時度勢，統領全局。幻想以老闆的名義一聲令下就會有結果，這是不切合實際的想法，也不要認為執行只是下屬的事情，實際上，「知易行難」。策略到結果之間的橋梁是執行，而執行的保障就是流程。每個優秀企業都有一套完善的運作流程。美國奇異在其財務年報裡驕傲的宣稱，公司一旦確定一個策略，便可以在既定的既定時間內執行到位，這就是主管良好執行力的展現。

一個主管要表現出有效的執行力，至少要具備三方面素養：卓越的思維能力、聚斂團隊精神和堅忍不拔的態度。其中思維能力是基礎，團隊精神是保障，堅韌性格則是最終展現。

1　思維能力。包括演繹思維和歸納思維兩方面。演繹思維是指在理解問題時將其分拆成更小的部分，透過一步一步的符合邏輯的演繹，排除不相關的資料，找出事物發生的前因後果；而歸納思維就是運用已有的概念和理論做歸納性的分析和總結。執行力要求快速行動、簡潔明快。速度就是一切，快慢決定成敗。但是，快與慢是相互轉化的。快速執行並不是要求我們為了完成目標而不計後果，或倉促的搶在規定時間之前馬虎交差了事，或允許任何人為了搶快而降低品質標準。迅捷源自能力，簡潔來自淵博。因此，主管的快速執行必須建立在強有力的思維能力基礎上。只有具備寬闊的視野、敏銳的洞察力，主管才能真正做到快速執行。

2　團隊精神。這不僅僅是對員工的要求，更應該是對主管的起碼要求。企業合作對主管的最終成功起著舉足輕重的作用。執行失敗最主要的原因是主管和同事、下級關係不好。對主管而言，真正意義上的成功必然是企業的成功。如果主管脫離企業，只一味去追求個人的成功，這樣的成功即使得到了，往往也是變味和苦澀的，對企業也是有害的。因此，中階主管的執行力絕不是個人的勇猛直前、孤軍深入，而是聚斂團隊精神，帶領下屬齊頭並進。

3　堅忍不拔。堅忍不拔的態度指具備挫折耐受力、壓力忍受力、自我控制和意志力等。能夠在艱苦或不利的情況下，克服外部和自身的困難，堅持完成所從事的任務；在非常困難的環境下堅持工作，或在相對沉重的壓力下堅持目標和自己的觀點。堅韌性首先表現為一種堅強的意志，一種對目標的堅持。「不以物喜，不以己悲」，認定的事，無論遇到多大的困難，仍千方百計的完成。其次是在工作中能夠保持良好的體能和穩定的情緒狀態，面對別人批評時能夠保持冷靜；在與同事、下屬和客戶發生衝突時，能夠克服煩躁的情緒。最後，當自己處於龐大壓力下或產生可能會影響工作的負面情緒時，能夠運用某些方式消除壓力或負面情緒，避免自己悲觀失望的情緒影響他人，以致企業的任務無法如期得到有效執行。

執行是一門學問，是企業策略的內在組成部分，是中階主管的主要工作，是一個企業執行力的核心元素。有執行力的中階主管應該是有素養的管理者，而有素質的中階主管不一定是有執行力的中層；一個中階主管如果不知道如何執行，其成績也不過是整個企業各個部門業績的集合。中階主管要想讓自己有所作為，就必須在執行力上提升自身的水準，並在工作中投入滿滿的熱情和精力。

執行，從中層開始

對於執行力，我們常常存在以下誤解：企業執行力高低完全是因為員工素養的好壞。很多中層習慣性的停留在對員工執行能力的關注上，認為員工執行能力的強弱，就是企業執行力的好壞，並沒有去思考員工執行不力的真正原因。其實，員工執行不力大多是因為中層的管理不到位或者整個企業的執行系統有問題；執行力是一種技巧，只要中階主管能抓住事情的重點就可以。很多中階主管沒有把執行力當做重要問題來抓，也沒有長期建設的計畫，導致執行的效果時好時壞，下屬的執行能力也得不到提升；有的中階主管只重視結果，不重視過程管理。很多中層把任務分給員工之後，就什麼事都不管，反正你給我結果就行，我不在乎你的過程；讓下屬去執行，但執行什麼卻不明確。有些中階主管在為下屬分配任務時，沒有明確的量化要求，或者沒有過程的追蹤和輔導，最後導致員工無法獲取完整的資訊，沒有方向感。同時中階主管也無法獲取一線員工的動態，造成企業內部溝通協調的脫節，大量的時間和精力消耗在溝通的層面，執行力自然低下。

以上幾種情況都會造成整個部門執行力的低下，實際上，在整個執行系統中，中階主管才是關鍵。如果某一中層認為從事管理工作不需要執行力，所謂執行就是下達命令後由下屬去實施的話，那麼說明這個中階主管的角色定位有問題。中階主管的執行力能夠彌補策略的不足，而一個再完美的策略也會死在沒有執行力的中階主管手中。為了更好的達成企業經營目標，我們必須反思中階主管的角色定位——中層不僅僅制定策略，還應該具備相當的執行力。

中階主管的執行力受許多因素的影響，有客觀的因素，也有主觀的因素，主要有以下幾點：

1　認知水準。這是影響中階主管執行力最重要的因素，有的中層認為自己只要管理下屬就行了，沒有必要做事。因此他們整天只管發命令、分任務，而不去關注下屬的執行情況、程度與水準，結果只能是上下溝通不暢，執行結果遠遠偏離當初構想。

2　思維能力。包括在理解問題時將其拆分成更小的部分，透過一步一步符合邏輯的演繹，排除不相關的資料，找出事物發生的前因後果；運用已有的概念和理論做歸納性的分析和總結。執行力要求快速行動、簡潔明快。因為當代世界，速度已經起主導作用，速度就是一切，快慢決定成敗。

3　團隊精神。團隊合作對中階主管的最終成功起著舉足輕重的作用。據統計，執行失敗最主要的原因之一是中層和同事、下屬關係不好。

某公司有兩位剛從技術職位提升到技術管理職位的年輕主管：A主管和B主管。A主管覺得責任重大，技術進步日新月異，部門中又有許多技術問題沒有解決，有緊迫感，每天刻苦學習相關知識，鑽研技術文件，加班加點解決技術問題。他認為，問題的關鍵在於他是否能向下屬證明自己在技術方面是如何的出色。

B主管也意識到技術的重要性和自己部門的不足，因此他花很多的時間向下屬介紹自己的經驗和知識。當下屬遇到問題，他也一起幫忙解決，並積極和相關部門聯絡及協調。

三個月後，A主管和B主管都很好的解決了部門的技術問題，而A主管似乎更突出。但半年後，A主管發現問題越來越多，自己越來越忙，但下屬似乎並不滿意，覺得很委屈。B主管卻得到了下屬的擁戴，部門士氣高昂，以前的問題都解決了，還做了一些新的發明。

中階主管的執行力不單代表個人的行為，還會影響整個團隊。因此，中層的團隊精神不僅指個人的態度，還必須對整體的團隊精神負責。

4　堅韌性。克勞塞維茲在《戰爭論》中有一段很著名的話：「要在茫茫的黑暗中，發出生命的微光，帶領隊伍走向勝利。」戰爭打到一塌糊塗的時候，將領的作用是什麼？就是要在看不清的茫茫黑暗中，用自己發出微光，帶著你的隊伍前進。誰撐住了最後一口氣，勝利就屬於誰。

總之，中階主管的執行力是多種素養的結合和表現，其中認知水準是關鍵，思維能力是基礎，團隊精神是保障，堅韌性則是最終展現，中層只有把這幾個問題處理好，才能提升自身的執行力。

為什麼缺乏執行力

執行力缺乏，再好的策略也是空談。對於中階主管來說，缺乏執行力的根本原因其實是邁過決策、自我、規章、細節四道坎。

決策。當中階主管的「執行」為的是貫徹落實「決策」的時候，千萬不要忘記，「執行」與「決策」的區別是相對的。多數情況下，執行也是一種決策，反過來說，決策也必須考慮到執行。由這個角度看，「執行力」也是一種「決策力」，有著良好執行力的中階主管必須是務實的決策者，善於把「執行」和「決策」銜接起來，邁過決策的「可操作性」這道坎。

自我。在中階主管的素養中，「堅定的職業目標」通常被列在首位。這是因為每一個新的目標，都是對中層自我意志和人格的挑戰，倘若邁不過「自我」這道坎，後面所有的事情都無從談起。很多情況下，企業執行力的比拼，其實就是中階主管決心和意志的比拼。身為一個優秀的中層，對於認定的事情，必須身先士卒、百折不撓，並藉此顯示本身的人格力量，領導員工共同達成企業目標。

規章。企業的「執行力」最終表現為團隊力量，中階主管只是「執行」的組織者。不言而喻，要形成作為團體力量的強大執行力，規章必不可少。團隊力量需要組織和協調，員工行為需要激勵和約束，這些都離不開一套科學公正、切實可行的規章制度，合格的中階主管必須有能力邁過這道坎，建立並隨時審視企業的規章制度。歸根結底，企業管理的基礎應當建立在法治而非人治的基礎之上，後者有太多的隨意性和不確定性。而企業法治靠的就是規章。

細節。在「執行力」要邁的四道坎中，細節是最個性化、最不可複製的，應屬於「藝術」的範疇。管理一半是科學，一半是藝術。成功的執行者必不可少的一個素養正在於，他們能夠針對具體環境巧妙設計出解決問題的細節，這些細節展現著一個人處理問題的原創性和想像力，因而也是這個時代最稀缺、最寶貴的東西。

這四個方面都要求中階主管具有很強的執行力，能起到示範作用。英特爾公司的首位營運長是個匈牙利人，作風強悍，無論員工加班到多晚，凌晨兩點也好，三點也好，第二天早上八點一定要上班。他自己無論發生什麼情況，每天早上都是七點多上班，而且沒有自己獨立的辦公室，在樸素的環境裡與大家一起辦公。正直，勤儉，讓整個企業認同自己，認同這種企業文化，才能貫徹企業方針。

缺乏執行力的另一個原因是執行力是一種綜合能力。它包括以下幾個層面：

計劃能力：中階主管在執行任何任務時都要制定計畫，把各項任務按照輕重緩急列出計畫表，一一分配給部屬來承擔，自己看頭看尾即可。把眼光放在未來的發展上，不斷理清明天、後天、下週、下月，甚至明年的計畫。在實施及檢討計畫時，中階主管要預先掌握關鍵性問題，不能因瑣碎的工作而影響應該做的重要工作。要清楚，做好兩成的重要工作等於創造八成的業績。

領悟能力：在做任何一件工作以前，中階主管一定要先弄清楚工作的意圖，然後以此為目標來把握做事的方向。這一點很重要，千萬不要一知半解就開始埋頭苦幹，到頭來力沒少出、事情沒少做，結果卻事倍功半，甚至前功盡棄。悟透一件事，勝過草率做十件事，且能達到事半功倍的效果。

指揮能力：為了使部屬根據共同的方向執行已制定的計畫，中階主管適當的指揮是有必要的。指揮部屬，中層首先要考慮工作分配，要檢測部屬與工作的對應關係，也要考慮指揮的方式，語氣不好或者目標不明確都是不好的指揮。而好的中階主管不但能激發部屬的意願，還能提升其責任感與使命感。指揮的最高藝術是部屬能夠自我指揮。

授權能力：任何人的能力都是有限的，身為中階主管，不能像業務員那樣事事親歷親為，而要明確自己的職責就是培養下屬共同成長，給自己機會，更要為下屬的成長創造機會。孤家寡人是成就不了事業的。部屬是自己的一面鏡子，也是延伸自己智力和能力的載體，要賦予下屬責、權、利，下屬才會有做事的責任感和成就感，要清楚一個部門的人集思廣益，肯定勝過自己一個腦袋絞盡腦汁。如此，下屬得到了激勵，你自己又可以放開手腳做重要的事，何樂而不為？切記，成就下屬，就是成就自己。

協調能力：任何工作，如能照上述所說的要求，工作理應順利完成，但事實上，中階主管的大部分時間都必須花在協調工作上。協調不僅包括內部的上下級、部門與部門之間的共識協調，也包括與外部客戶、關係單位、競爭對手之間的利益協調，任何一方協調不好都會影響計畫的執行。最好的協調關係就是達成共贏。

判斷能力：判斷對於一個中階主管來說非常重要，企業經營錯綜複雜，常常需要中層去了解事情的來龍去脈、因果關係，從而找到問題的癥結點，並提出解決方案。這就要求洞察先機，未雨綢繆。

創新能力：創新是衡量一個中階主管、一個企業是否有核心競爭能力的重要標誌，要提高執行力，除了要具備以上這些能力外，還要中階主管時時刻刻都有強烈的創新意識，這就需要不斷的學習，而這種學習與大學裡那種單純以掌握知識為主的學習是很不一樣的，它要求大家把工作的過程本身當做一個系統的學習過程，不斷從工作中發現問題、研究問題、解決問題。解決問題的過程，也就是向創新邁進的過程。因此，中階主管做任何一件事情前都要認真的想一想，有沒有創新的方法使執行的力度更大、速度更快、效果更好。

執行才會有成效

在管理界有句俗話，叫做「三分策劃、七分執行」。沒有執行，制度就形同虛設；沒有執行力，管理就不能真正落到實處。僅有策略，並不能讓企業在激烈的競爭中脫穎而出，只有執行力才能讓企業創造出實質的價值。曾經有一位著名的企業家說：「一家公司和它的競爭對手之間的差別就在於雙方執行的能力」，「執行正是企業成功的一個關鍵因素」。所以，如何提高執行能力，是各公司最關心的課題。

一個擁有足夠競爭力的企業，一定是將規則認真執行的企業。

美國「旅館大王」希爾頓的理念是微笑服務。希爾頓要求他的員工，不論你心裡是怎樣想的，都必須對顧客保持微笑。「你今天對顧客微笑了嗎？」是希爾頓的座右銘。希爾頓不停巡視世界各分店，每到一處，和員工說得最多的就是這句話。即使在美國經濟蕭條的一九三〇年，八成的旅館業倒閉。希爾頓旅館在同樣受挫的情況下，他還是信念堅定的飛赴各地，鼓舞員工振作起來，共渡難關。即便是借債度日，也要堅持「對顧客微笑」。在最困難的時期，他向員工鄭重呼籲：「萬萬不可把心中的愁雲擺在臉上，無論遭到何種困難，『希爾頓』服務員臉上的微笑永遠屬於顧客！」

希爾頓的信條得到貫徹落實，旅館的服務人員始終以其永恆美好的微笑感動著客人。很快，希爾頓飯店就走出低谷，進入了經營的黃金時期，他們添加了許多一流設備。當再一次巡視時，希爾頓問他的員工：「你們認為還需要添置什麼？」員工回答不上來。希爾頓笑了：「還要有一流的微笑！」他接著說：「如果我是一個旅客，單有一流的設備，沒有一流的服務，我寧願棄之而去住那種雖然設施差一些，卻處處可以見到微笑的旅館。」微笑為希爾頓公司帶來了很大的成功，不僅使希爾頓率先渡過難關，而且發展成為在世界五大洲超過四千家飯店，資產達數億美元，當今全球規模最大的旅館業公司之一。很多公司的規章裡都有「顧客至上」這個條文，然而只有希爾頓把它真正付諸行動，號召員工把微笑當成一生的工作來堅持，隨時隨地保持微笑。

企業的任何策略或決策，只要堅持下去，就會得到回報，換句話說，只要執行了，管理就有成效，企業就會獲得成功。

一個中階主管，如果僅有規劃、策略，但不能把它落到實際的行動中去，那麼就不會有任何成效。記住，成效是做出來的，是執行出來的。

執行是連接組織策略與達成目標的橋梁，缺少強大的執行力，組織的策略目標將是無本之木，無之水源。企業的不成功並不是缺乏制度，也不是缺乏發展策略，不是缺乏資金，不是缺乏產品，而是缺乏持之以恆的執行力。策略決定方向，執行決定成敗。能否把既定的策略執行到位，是企業成敗的關鍵。策略是什麼，策略就是一種持之以恆的承諾，一定要持之以恆，一定要堅忍不拔，認定了就要堅決去做，決定的事就必須堅定不移的推進。

在市場競爭中，「快魚吃慢魚」的事時有發生。誰抓住了速度，誰就走在時代的前頭，抓住了未來。因此思科的執行長錢伯斯認為：「新經濟時代，不是大魚吃小魚，而是快魚吃慢魚。」有人曾形容說，美國人第一天宣布某項新發明，第二天投入生產，第三天日本人就把該項發明的產品投入了市場。加拿大將楓葉定為國旗的決議在議會透過的第三天，日本廠商趕制的楓葉小國旗及帶有楓葉標誌的玩具就出現在加拿大市場，十分暢銷，而作為「近水樓台」的加拿大廠商則錯失良機。人們把市場競爭中這種「不快即死」的現象稱為「快魚法則」。

比爾蓋茲深深了解這一點：矽谷的每家新公司自誕生之日起，面臨的都是白熱化的競爭環境，你的公司知道的商業模式別人都知道，你的公司操作的管理方法別人也都知道，你必須靠一種新技術來增強競爭力，而留給你發展的時間都非常短，你必須使自己的公司迅速成長，否則，稍一疏忽、怠慢，你就會被對手排擠掉。在微軟公司若干重大危機關頭，他總是採取果斷措施，搶在別人前面，因而獲得了成功。

在蓋茲與操作人員的共同努力下，「超越」整整比蓮花公司的「爵士樂」提前五個星期問世。而就是這五個星期決定了「爵士樂」的命運。市場報告顯示：「超越」以百分之八十九比百分之六的懸殊比分，遠遠超過了「爵士樂」。

「快魚吃慢魚」對企業執行任務的速度提出了更高的要求，沒有速度要求的執行力不可能在如此激烈的市場競爭中為企業獲取優勢，特別是在資訊技術和網路技術發達的今天，決策的速度進一步提高，執行力須盡快跟上決策的速度。

執行力要求快速行動、簡潔明快。因為我們身處在變化最快的社會裡，速度已經起主導作用了，速度就是一切，快慢決定成敗。

成為快速的執行者

在這個節奏快得讓人不敢眨眼的時代裡，快就是機會，快就是效率，速度就是一切。日本著名企業家盛田昭夫說：「我們慢，不是因為我們不快，而是因為對手更快。如果你每天落後別人半步，一年後就是一百八十三步，十年後即十萬八千里。」與時間賽跑，比別人跑得更快才有贏的機會。要想成為競爭的勝利者，中階主管就要讓自己的團隊成為具有快速度的執行者。當然，要想具有高速度，可以從以下幾點努力：

1　做到堅決果斷。身為中階主管，如果不能做到堅決果斷，往往給人懦弱無能的感覺，那麼這樣的中層在員工心裡的印象就要大打折扣了。中階主管要時常做出各種決定，而做出這些決定都是需要勇氣的。當資訊完全準確時，易於做出正確的決定，但當資訊難以得到時卻無法做出決定。真正考驗你的時候到了！這時，一雙雙眼睛都轉向了你，等你做出一個決定，你成了大家關注的焦點。猶豫不決、優柔寡斷，這些都表現了一位中層內心的恐懼與害怕。那就趕快下令吧！堅決果斷，用你的智慧為大家指出一條明路。如果一再猶豫，錯失良機，你想今後大家對你的印象會如何？沒有人會尊敬或跟隨一位膽小怕事的中層。在關鍵時刻，做一個英明的決斷，那麼對你日後的感召力、影響力，其效果會強於你長期的平日外在表現。倘若你平時氣勢十足，一到關鍵時刻卻當縮頭烏龜，那麼這個反差只會讓你周圍的人留下笑柄。因此，堅決果斷，勇於當先，是執行力的一個重要因素。

2　強烈的求勝欲望。欲望是一切行動的源泉，是人生必備的條件，也是支持人生的動力。只有具有強烈的求生欲望，才能促使人去尋找機會，抓住機會，欲望越強，情緒就越高，意志就越堅定，人的能力越能發揮到極致，同時也會有很快的行動速度。《狼圖騰》出版後，其「狼性原則」的思想受到很多企業家的推崇，狼有三個特性，第一、嗅覺特別靈敏，哪裡有血腥味就會衝過去，這個解釋為商機。第二、寒天出動，即市場的狀況再險惡，也不會畏縮。第三、通常都是成群結隊，而這三點都源於狼強烈的求勝欲望，對於企業來說也是如此。

3　提高會議的效率。無論什麼公司的中階主管，開會是日常最重要的工作之一。有人把中層形容成文山會海的奴隸，這個說法雖然有點過分。但問題不解決，會議還得開，這就涉及到一個如何召開高效率會議的問題。

事實上，大部分的會議都不應該拖到一個半小時以上。如果超過了時間，疲勞和無聊的感覺就會越來越嚴重，而與會者對會議的關心卻越來越淡薄。身為中層，你要事先告訴與會者會議限定的時間，讓參加會議的人精神上繃緊起來，使他們以一種認真的態度對待會議。其方法是：首先，要深入仔細的討論問題；其次，研究其原因；再次，先考慮一下可能的解決對策；最後，事先準備好可行的方案。這種原則不僅適用於現場會議，而且還適用於電話會議。

對於不重要的會議，可以在單位內指定祕書或者副手作為代理人參加。無論是請你參加的會議，還是要你自己主持的會議，如果代理人出席了，就可節省你自己的時間。代理人可把會議的內容記在筆記本上，然後向你彙報，這不失為一個好辦法。

4 主動精神。想要提高執行力，中階主管必須得有主動投入的精神，僅僅會做還遠遠不夠，還要有工作意願，充分發揮主動性與責任心，在接受工作後應盡一切努力並想盡一切辦法把工作做好。初次聽來，這似乎只是一條普通的定義，但細細品讀後，反而覺得它更像一種面對人生的態度，其實現在決定一個中層能否成功，主要不取決於天資聰明，而取決於對生活、對工作的態度，只有願意主動做事情的人才能善於把握機會，才能不斷提高自己的執行力和工作效率。

5 善於學習，樂於學習。很難想像，一個不善於學習、做事一成不變循規蹈矩的中階主管會具有很高的執行力。一位哲學家曾說過：「未來的文盲不是不識字的人，而是沒有學會怎樣學習的人。」學習能力、思維能力、創新能力是構成現代人才體系的三大能力，其中，善於學習又是最基本、最重要的第一能力。只有中階主管本身善於學習、樂於學習，才能不斷提高自己的能力和素養，也才能提高自己的工作水準和效率。

6 真正提高企業的效率。身為企業的一名中階主管，必須深切體察人類因時因地不同而產生的不同心理動態和情緒變化，才足以有效控制整個團隊，發布適宜的規章制度。

從管理來看，治氣、治心、治力、治變也是一個優秀中階主管應具有的素養。「治氣」要妥善安排工作時間，講求工作方法，以發揮工作成效。「治心」要重視勞資關係，避免員工產生負面情緒，以維護安定進取的氣氛。「治力」要重視員工安全與衛生，給員工妥善的福利，使他們有旺盛的精力工作。「治變」要重視部門紀律，發揮整體力量，也防止競爭對手趁虛而入。只要中階主管能在心、氣、力、變上多下工夫，員工自然會有強大向心力，從而使企業更好的發展。要達到治氣、治心、治力、治變四治的目的，中層還要採取一些切實可行的方法，最終同時運用經濟和精神手段。只有從管理的本身去解開這個難題，才能真正提高企業的效率。

7　善於分析判斷，應變力強。面對眾多的資訊，中階主管必須具備分析判斷的能力，才能摘取有效的資訊運用；同時，面對日益變化的資訊，我們必須具備很強的應變能力。遠的不說，在證券市場，滑鼠早擊和遲擊十分之一秒，是否成交或成交價格就有很大區別。照相機為什麼設計了千分之一秒和萬分之一秒快門，原因就是萬一之差，本質上就已經截然不同。

機會是為有準備者提供的，快速應變能力往往並不表現為一時的靈感，更多的是尋找已久的時機在瞬間出現。對於客觀環境和市場形勢可能出現的變化，中階主管必須提前做出預測，並備有應付各種變化的預案（不管成文還是不成文的）。很多人都懂得去做這方面的準備工作，為事業的發展設計了很多種「可能」，並且根據時機的變化而調整策略。可以說，善於分析、快速應變的能力是在競爭日益累積、變化日益迅速的今天有效執行的必要條件。傑出的中階主管能夠不斷探尋業務模式和事物的因果關係，能夠嘗試從新的角度看問題。

第七章　做一個優秀的管理者

中階主管需要透過上司、平行部門同事和部屬來完成部門所應肩負起的工作。正因如此，中階主管的管理能力才顯得至關重要。在企業管理上，有一個很關鍵的原則：中階主管要承擔過程責任和結果責任。

克服親力親為的習慣

充分調動起員工的積極性是非常重要的，但總會出現上司忙暈了，員工沒事做的現象。對於這樣的中階主管來說，他們之所以親力親為，除了向親力親為的老闆學習之外，還為了向同級證明自己，向下級標榜自己。親力親為的直接表現就是大事小事一把抓，讓自己如上緊的發條一樣始終處於忙碌之中，而他們的下屬，卻因一直難以接觸到核心事務，而得不到更大的鍛鍊，在偷閒中虛度時光。

這並不是一個小問題。親力親為並不一定就能得到老闆的認可，老闆最希望看到的是，中階主管能最大限度的激發與調動員工的積極性，為公司創造更大的價值。同時，中階主管總是重任一人挑，也很難得到下屬的敬重，相反還可能遭至他們的埋怨，尤其對那些非常希望在工作中鍛鍊自己、提高自己的下屬來說，無疑大大阻礙了他們前進的腳步，束縛了他們自身能力的提升，限制了他們在職業生涯中的更大發展。

彥宏是某家企業的企劃部總監。他每一次談及近況時，總會抓抓日漸稀疏的頭髮，用好像永遠沒睡飽的眼睛瞪著人說：「最近忙死了，一邊是新品上市的企劃，產品定位、廣告創意、業配文寫作、上市活動設計、材料製作等等一大堆事情；另一邊是巡視市場、擬定促銷方案、媒體購買和執行促銷活動……唉，總之，就一個字——忙。」當彥宏坐在電腦前一連工作幾個小時的時候，他的下屬已經在瀏覽了好幾份報紙之後，接著又看完了網路上一場兩個多小時的ＮＢＡ直播。

彥宏為什麼不將手頭的工作分一部分給自己的下屬做呢？為什麼不叫下屬提前準備今後肯定要做的一些工作呢？為什麼不安排一些市場調查的任務給下屬呢？在為了制定一份市場管理制度，彥宏幾乎要抓破頭皮的時候，他的下屬已經聊完了國內明星的花邊新聞，開始將話題轉移到了貝克漢姆和他老婆維多利亞的風流韻事上了。彥宏為什麼不讓自己暫時停下來，把下屬召集到一起開一場各抒己見的短會，在很短的時間內群策群力的把這件事做得更好呢？為什麼不將某些環節的工作交給下屬，讓他們和自己一起跑起來呢？在為了一份印刷品、幾樣材料、一則報紙廣告，三番五次往印刷廠、廣告公司、報社跑的時候，他的下屬正在辦公室享受著冷氣，吃著零食，天南地北的聊天。

其實，出現這般局面最直接的原因是：

1　擔心下屬能力太差或太強

一些主管總是擔心下屬能力差，並對下屬的責任心心存疑慮；另一些主管則是擔心下屬能力太強超越自己。這是主管的陰暗心理在作怪，尤其是那些缺乏自信的中層。

或許正是因為如此，中階主管更加堅定了親力親為的做法，以至於忽略了下屬的責任心與能力其實完全可以透過任務得到檢驗而明朗化。他們同時也限制了優秀下屬的脫穎而出，無形中阻礙了企業人才結構的優化進程，減慢了企業的成長速度。

優秀的主管應該主動推薦自己優秀的下屬走上管理職位，這其實也是在幫助自己在企業中走得更穩、贏的更多。

2　技術骨幹錯為管理者

這種情況在很多企業普遍存在著。比如，某個銷售員的業績突出，就會被提拔為銷售經理；某工程師業務能力突出，就會晉升為技術研發部負責人。這個現象是造就「榨乾自己、忽略團隊力量的管理者」的一個重要原因。因為這些中階主管雖然擁有出類拔萃的專業技術，卻可能缺乏帶領一個團隊的管理技術，他們中不少人其實更樂於做技術骨幹來實現個人價值和企業價值，而不是當主管。這些人一旦走上管理職位，面對肩上的新擔子，很容易透過做老本行彌補自己管理技能上的不足，來回報上司的知遇之恩；一旦忙起來，就會只顧自己，而忘記了團隊。

誼軒是做設計出身的，後來自己開了一家裝飾公司。曾經有一段時間，他白天出去跑客戶，晚上就在辦公室開夜車為客戶趕裝修的圖紙。累了，就趴在辦公桌上打瞌睡，餓了，就泡碗泡麵。連剛剛交往不久的女朋友，他都沒時間約會見面。他招來的那幾個專門做設計的員工又在做什麼呢？上班後，他們偷偷的邊聊LINE，邊玩網絡遊戲，因為沒事做啊，事情都被不放心他們的老闆搶去做了。下班了，他們一個比一個跑得快。後來，誼軒終於發現，自己沒日沒夜的拚命，卻相當於開了一間免費的遊樂場，再這樣繼續下去，公司肯定會垮。於是，他痛下決心，將以前不放心交給員工的工作放給員工做，自己將主要精力放在市場開拓上。再後來，誼軒輕鬆了，與員工的感情也融洽多了，公司業績逐月上揚。

透過誼軒的案例，我們知道：克服親力親為的習慣勢在必行。

1 改善團隊的管理體制

使職位描述更明細、職責細分更清晰、人員設置更合理，並將更多的權力適時分散與下放。結合前面的相關內容，職位、職責劃分上的粗線條化，和關鍵職位上人員數量的緊張，正是造成權力與責任過分集中在管理者身上，使他們患上且難以克服的親力親為慣性病的一個重要原因。基於此，就有必要透過前述措施，在各管理層級中分化權力和責任，以使親力親為找到宣洩的途徑。

另外，為自己設定親力親為的界限與監督機制。既然我們很清楚親力親為的危害，並想做出改變，就要為自己設定需要親自操刀和不能越俎代庖的界限，如有越界，全體員工都有權檢舉或投訴，使管理者受到制度的懲罰。最後，將下屬的成長和團隊的整體績效，納入到對中階主管的考評中，而不是過於看重其個人業績指標。要做到這一點，中階主管除了要轉變傳統的識人、用人的意識之外，還需要採取一些其他舉措。如，你可以將所負責的部門分成幾個小組，並從現有的成員中推舉組長，組長的表現也就成為了考核的一項指標。

2　做個輕鬆的中階主管

了解下屬及普通員工的方式有很多，絕不止親力親為一種。一些主管之所以「剎不住車」，是因為親力親為被賦予了「調查內部真實情況，力求一切盡在掌握中」的作用。可是，難道親力親為就是達到這些目的的唯一辦法嗎？當然不是，比如面對面、心交心的誠摯訪談就可以取代親力親為；再比如，還可以透過資訊回饋制度，多角度的了解企業中每個團隊內部的真實情況。

創造走出去的機會，使自己沒有時間再親力親為。當然，在走出去期間，主管同時應該做到，全體員工能自覺的在自己的職位上正常的工作，甚至比上司在公司時做得更好。如果能做到這點，你就能夠增強自己對員工的信心和信任，繃得很緊的神經也會因此而自然放鬆下來，並逐漸從親力親為的慣性病中解脫。

提高員工的工作能力

員工工作不力怎麼辦？中階主管到底應該怎樣做，員工才能把工作做好？這是一家主營管材業務的大公司。這家公司的員工待遇不錯，但每個員工卻都要做好挨打的準備。這裡的挨打並不是比喻，而是體罰。銷售、回款指標完成不了要挨打，在應收帳款上沒有一個合理的交代要挨打，出現客戶投訴也可能要挨打，所以，每次的日銷售工作總結會和平常的銷售例會上，每個銷售人員都是戰戰兢兢。

不過，辦事處主任和分公司經理也不好過，他們工作沒做好也得面壁思過，挨上級打。這是一個比較極端的案例。可是，體罰就能讓員工出色的完成工作嗎？主管對自己的員工就能放心了嗎？不能！這個公司或許可以打造出一支充滿責任心的勇往直前的鐵軍，但這支鐵軍卻不一定就是一支人人具備高超殺敵技能的部隊，因為它忽略了如何提高員工的銷售能力，而這直接影響的恰恰是工作的結果。

我們可以預見，如果這家公司無法提高銷售人員應對各種銷售難題的技能，體罰的現象會繼續在這裡頻繁的出現，但主管仍然無法提高員工的工作能力。

中階主管應該如何培養員工，又該如何管理他們呢？

1 將作戰的利器交給員工

中階主管要將培訓視為長期的、有計畫的工作來做，並要根據市場、對手、消費者及管道環境等各方面的變化，不斷改進培訓內容，必要時甚至要對同一內容反覆進行培訓。在這個過程中，你千萬不要以為一經培訓，員工馬上就能將銷售、成效等各方面的技能學到手，並且靈活運用到實際工作中。畢竟，員工的悟性不一，自身條件及經歷也各有不同。更何況，工作中的新問題總是層出不窮。要注意引導，而不是只管訓斥。引導員工行進在正確的軌道上，這更多的是對銷售細節的關注。

有一個負責某區域市場的主管，剛剛大學畢業，當初公司市場部比較缺人，他在經過短期培訓與市場實戰輔導之後，就被急匆匆的派去負責一個地區的市場。他做得很糟糕！連續三個月下來，銷量和回款都是倒數第一。是因為他又笨又懶惰，還是他的態度有問題？都不是。那問題主要出在什麼地方呢？經過觀察，我發現這個主管由於缺乏引導，根本沒有開竅。在經銷商管理、鋪貨、陳列等方面，他都是一步步摸索，走了很多彎路。又因為怕老闆批評，他從不敢主動請教自己的上司。

這告訴我們什麼？沒有哪一個主管會有這樣的好運氣，手下的每一個員工都是天生有能力又有責任心的人。身為一個中階主管，要想讓員工工作得力，就不能忽略對他們工作上的引導。

主管不僅要在員工主動求助時引導，還要主動去了解員工工作上的疑難雜症；不僅自己要努力引導員工的工作，還要在員工當中創造互相引導的條件與氛圍；不僅要手把手教會員工一招一式，還要注意啟發、訓練員工的思維能力，讓他們意識到怎樣做才能有助於自己完成任務，有助於公司的整體布局與長遠發展。

要注意用員工更易上手的方式展開培訓。中階主管經常會犯兩個錯誤。第一，明明知道自己的員工某方面的能力存在問題，但只是一味的埋怨和批評他們，卻不反省自身以解決問題。第二，總會不經意的把培訓活動變成檢討會，自己在講台上又是訓斥，又是填鴨式的教育，這樣的培訓效果只會大打折扣，甚至適得其反。為什麼不能把培訓活動做成研討式的、模擬演練式的？為何不能把培訓的現場放在賣場和經銷商的倉庫，放在事故的現場呢？

2 要為下屬留下能夠發揮的空間

有些主管喜歡鉅細靡遺的為員工安排好所有的過程與環節，看到員工的工作出現問題，恨不得自己親自上陣越俎代庖，把本該員工做的事全包辦了。儘管可能會出現這樣那樣的問題，但對於職場新人來說，事情只有做過，今後才更會做。當然，主管既要容忍員工犯一些小錯，也要透過一系列制度和有針對性的人員組合等，將他們的錯誤控制在一定程度和一定範圍內。

為了更好的做到這些，中階主管就需要改變以前把所有事情都安排好的做法，也要改變只管分派任務和立軍令狀的另一個極端的做法，而應該多聽取員工的工作計畫，去維護與增強他們的信心，促使他們發揮自己的潛能。即使是員工犯錯了，管理者也不一定非要用訓斥的方法來讓他們記住，而可以將這個失誤作為一個教訓，與員工共同研討解決之道。

員工在工作中的表現主要展現在兩個方面：一是技能，二是責任心。

中階主管要將進步與過程都納入考核。以銷售部門為例，這裡的進步並不是指完成了多少銷售和回款指標，而是指員工在陳列、催討貨款、據點開發等方面的進步，更多是關於執行和達成結果的技能的。這裡的過程主要是指什麼呢？管理者對銷售人員常說的一句話是，只要做好鋪貨、陳列、補貨、回訪……銷量起不起得來，就不是你們的責任了。由此可見，中階主管對銷售的管理，主要集中在影響銷售業績的環節上。要想讓員工從工作不力到工作得力，他們的進步和達成銷售的過程就應該被納入到考核體系中，並有必要增加權重，以促使員工更好的在技能上進步，在責任上堅持。

改善工作系統和工作環境。中階主管經常會遇到這樣的情況，有一些銷售人員在接受任務時，總會說公司這裡沒做好，那裡也有問題，銷售的時候也經常會自以為是的改變既定的陣形，他們的執行力存在著不小的問題。另外一些銷售人員，當你把鋪貨、陳列等任務給他們時，這些員工馬上就能根據要求奔赴前線所向披靡，執行力有相當的保障。這種現象說明了什麼呢？中階主管既要盡量減少越俎代庖，讓員工做原本應該由他們自己做的工作，也不能讓員工總想去做本該管理者做出的決策。

當然，主管應該從善如流，鼓勵員工多提寶貴建議，但同時應該規範化和標準化，員工也應該遵照主管安排執行到位。此外，主管還應該有意的改善員工的工作環境。提醒每一個主管，要想使員工的工作更得力，就不能僅僅將目光局限於員工身上。

澈底授權

千萬不要企圖自己來單獨完成某一件事情。即使中階主管有再大的精力和才幹，也不可能把公司所有的事情都事必躬親。需要把部分職權交給下屬，讓大家共同承擔責任。你必須精於與你領導的團隊裡的每一個聰明的員工打交道，與他們建立良好的合作，並充分鼓勵他們。而有的中階主管不能澈底授權，其中的原因無非有如下幾點：

1　授權會失去控制

有些中階主管之所以對授權特別敏感，是因為害怕失去對任務的控制。一旦失控，後果很可能就無法預料了。中層真正害怕的不是任務失去控制，而是有些事突然不在你的掌控範圍之內，這理所當然使你感到恐慌吧？但你不能把它作為自己不授權的藉口。

只要主管能夠保持溝通與協調的順暢，強化資訊流通的效率與效果，任務在完成的過程中，失控的可能性其實是很小的。同時，在安排任務的時候，你應該盡可能的把問題、目標、資源等向部屬交代清楚，也有助於避免任務失控。另外，主管和員工也很容易在解決問題的方法上產生分歧。由於你相信自己的經驗，甚至會強迫部屬執行你的意見，致使部屬不願意對任務負責。其實條條大路通羅馬，問題的關鍵不是方法，而是結果。一些具體的處理細節，完全可以授權給自己的部屬來全權處理，也許，在此過程中，下屬能夠創造出比你的經驗更出色的解決辦法呢！

2　以為可以做得比下屬好

有些主管寧可自己辛苦，也不願意把工作安排給部下。他們認為，教會部下怎麼做，得花上好幾個小時；而自己做的話，不到半小時就做好了。有的中層竟然說：「有那個閒工夫教他們，還不如自己做更爽快。」

問題是，就這樣一直把所有的事情都拿來自己做嗎？儘管現在你自己親自動手可以做得比下屬好，但是你如果能夠教會你的員工，就會發現其實別人也可以做得和你一樣好，甚至更好。也許今天你要耽誤幾個小時來教他們做事，但以後他們會為你節省幾十、幾百個小時，讓你有空進行更多更深入的思考，以促成你在事業上的更大發展。

3 授權會削弱自己的地位

這是許多中階主管非常害怕的事。如果把權力授予下屬的話，會不會因此影響自己在企業的重要性，從而削弱自己的地位呢？顯然是否定的。如果主管能夠讓你的下屬更加積極、主動的處理問題，就能充分發揮團隊的力量，將任務完成得更多、更快、更好，從而使主管的地位有機會得到進一步的鞏固或提升。中層將得到一個更有效率的工作團隊，並且能夠把精力集中在那些值得你全心投入的事情上。

事實上，澈底授權往往會帶來成功的機會。科林．鮑威爾說：「身為一名中主管，他的成功有很大一部分得益於有效的分工。」，「我對很多方面都放任不管。」他喜歡這樣說。這給了下屬很大的餘地去自己做決策。

4 澈底授權會降低靈活性

對於一件具體的工作而言，主管的事必躬親確實有利於掌握處理問題的靈活性。可是，對於工作繁忙的中層而言，畢竟不可能在同一時間做好幾件事情。如果強迫自己面面俱到，實在太勉強了。然而，透過澈底授權把具體的工作分派出去，讓中層從一個更高的層面來統轄全局，思路往往會更加靈活，同時也有更多的時間和精力來處理那些棘手的問題和突發性的事件。

5 澈底授權會影響正常工作

也許有些主管會認為，下屬連現有的工作都做不好，怎麼可能承擔更大的責任呢？乍一聽起來，你似乎是位體恤下屬的好中層，但不會有人感激你。如果主管的下屬在工作能力上乏善可陳，問題很可能就出在你的身上。在自然界，企鵝會把自己的孩子逼下冰冷的海裡，以迫使膽怯的小企鵝盡快學會游泳，好捕抓到讓牠生存下去的魚。你也應該問問自己，是不是由於您的這種「體恤」，讓公司養了一群永遠也下不了海的小企鵝？優秀員工的流失不是因為你的「體恤」，而是因為沒有足夠的施展才能的機會，他們不希望變成對工作滿不在乎的懶人。他們和你一樣渴望接受挑戰、面對挑戰、戰勝挑戰、獲得成功。但是，如果你不澈底授權的話，他們怎麼有機會實現理想呢？

6 一味強調自己的重要性

由於中階主管很能幹，你在很多時候會產生「任何事情離開我都不行」的錯覺。是的，也許你能夠圓滿的完成許多任務，但你得分身有術才行。其實，中層的下屬就是你手裡擁有的最大財富，他們幫你把工作完成，幫你和經銷商討價還價，幫你與消費者溝通……在具體的業務內容和常規工作程序方面，他們中的一些人甚至具有比你還要豐富的經驗。這麼好的資源，你為什麼不去好好利用呢？即使看在利潤的分上，你也該讓他們的能力得到更充分的發揮啊！

例如，德國文化媒體業龍頭博德曼集團在世界六十多個國家和地區有業務，下屬企業達到幾百個，涉及書刊出版、電視、音樂、媒體服務等廣泛領域。所跨地域和行業如此廣泛的企業，「管理」起來豈不是很難？博德曼總裁說，公司實行的是「鬆散性管理」。他說，每一個下屬企業的負責人在其企業內的人事、投資、產品等所有事務中最大限度的享有自主決策權。總裁以及行業總負責人只進行大方向的監控，絕不過分干涉下屬企業的具體經營事務。正因如此，每一位負責人可以迅速對市場作出反應。又因為他們了解當地情況，做出的決定往往最符合發展的實際，因此也最符合整個企業的利益。

澈底授權，給下屬企業自由的空間，當然不是「放牛吃草」。下屬企業的中階主管仍然要對總公司負責。另外，博德曼集團致力於建立員工對總公司的「認同感」。該公司內部進行的一個調查顯示，絕大部分員工雖然身在不同下屬企業及不同國家和地區，但對自己是博德曼員工這一點深深認同。所以，博德曼集團是「形散而神不散」。與管理上的「鬆散」相配套的是用人上的「以人為本」。博德曼總裁說，集團努力獲得最好的人才——包括藝術家、音樂家、作家或者是雜誌製作人，然後給他們自由發揮的空間。另外，公司使用獎勵機制，鼓勵每個人把能力發揮到極致。根據業績和公司營利情況，表現好的員工獲得數量可觀的分紅，年輕有為的員工迅速得到提升。他說：「我們有最好的人才，並給他們最大的發揮空間，我們的企業自然做得最好。」

提高管理效能的要點

決定效能的根本因素是企業制度、文化和執行能力。所以，對企業來說，更需要的是合適的中階主管。這樣的主管不發牢騷、不搞小團體，會培養下屬，更能打勝仗。

1　不發牢騷

不發牢騷並不是說中階主管在具體執行任務的過程中不能宣洩情緒。在企業管理中，要學會發牢騷的「技巧」，並把握住發牢騷的場合和時機。首先，中層一般來說是不能向上級發牢騷的。這會使你的上級在評估你的工作能力、評價你所帶團隊的工作能力時大打折扣；其次，中層是不能向下屬發牢騷的。這會降低你在下屬心目中的威信，進而削弱你的影響力；再次，中層不能向同級發牢騷。這會讓同級感覺你 EQ 差、不好合作，降低你在組織中的地位。事實證明，無論什麼方式的牢騷、對什麼問題的牢騷，總會回饋到老闆那裡。最後，中階主管更不能向企業的經銷商、供應商發牢騷。這會敗壞你所服務企業的形象，更會損壞自己的職業形象。而且，這種牢騷同樣會回饋到你所服務的企業，對你造成不可估量的負面影響。

2 不搞小團體

從歷史上看，人們總是喜歡拉幫結派，幫派是社會中一種重要的非正式組織形態。在今天的企業中，產生這種情況的主要原因在於：這些人思想上自私狹隘，妄自尊大，自以為是，爭地位、出風頭，把個人利益放在第一位，把企業的利益放在第二位；在企業內鬧獨立性，只顧局部利益，不顧全體利益；在同事關係上，喜歡拉攏一些人，排擠一些人；在處理本部門與外單位、外部門的關係上，進行本位主義。

在企業中，搞小團體、小圈子，不是簡單的感情聯合體，而是權力、地位、名譽、關係、利益的結合體。劃圈為戰，劃圈為界，一榮俱榮，一毀俱毀。其弊端在於只講小團結，不講大團結；只講幫內利益，不顧幫外利益；只信任幫內人，不信任幫外人。這種行為具有明顯的自私自利和排他特徵，其實質是分裂和謀私，違反企業利益，破壞企業紀律。所以，幫派是企業的毒瘤。

曾有一些企業老闆坦言：我們最擔心下屬什麼？最忌諱下屬什麼？那就是拉幫結派，搞小團體。

你想想，哪個老闆會喜歡和容忍自己的下屬在私底下另搞一個游離於組織之外的團體呢？

身為公司的中階主管，首先應該按規則和程序處理工作中的是是非非，盡量做到對事不對人。其次是自己不參與、不攪和，更不能推波助瀾。孔子在《論語．述而》中有句名言：「君子坦蕩蕩，小人常戚戚。」小人之所以常戚戚，在於他們有私心，所以就蠅營狗苟、結黨營私，成為企業中的小團體。實際上，在一個企業中，是不允許存在那些非正式組織的，這樣的小團體敗壞的是整個企業。既然企業中不允許出現派別，不允許出現小團體，身為中階主管，該如何避免陷入小團體、小圈子的泥沼呢？

一個心中沒有大局的人，會自然不自然的陷入小圈子中。俗話說：站得高才能看得遠。所謂大局觀念，需要具備「登高望遠」的氣度。

一些主管在工作中喜歡自己當大哥，而把同事、下屬當小弟。這些中層願意用大哥的方式來領導下屬。換句話說，是做大哥而不是做主管，用家法取代企業規章制度，無形中把企業中的人劃分為我的人、他的人，形成了小團體、小圈子。

人際關係是每個人都必須面對的事情。如何恰當處理自己在企業內部的人際關係，是中階主管能否成功的關鍵。許多才華橫溢的中層，不是敗在工作能力或是工作業績上，而是敗在了不能正確處理組織內部的人際關係上。在企業中，有些中層不願陷入小圈子、小團體的泥沼，但並不代表你沒有被劃入別人的小圈子、小團體。解決這一問題的關鍵，是在工作的人際交往中保持一定距離。大工業化時期的企業，不是以血緣而是以契約為紐帶建立的。家族企業的創業基礎是家族，但其成長紐帶也是契約。所以，在企業內部，成員之間的關係非常簡單：上級、下級、合作。除此之外的任何關係都是非正式的。所以，在企業中需要人與人之間保持一定距離。

3 會培養下屬

什麼是管理者？管理者就是能夠讓反對你的人理解你，讓理解你的人支持你，讓支持你的人忠誠你，讓忠誠你的人追隨你的人。如何成為這樣的主管呢？

也有一些中階主管困惑：我如何才能得到更大的舞台，實現自我價值？答案就是學會培養更多的下屬，讓更多的人為企業創造價值。因為從企業本身講，一大批下屬的成長是企業競爭力之所在，所以，培養下屬是對企業最大的貢獻。

中階主管的任務之一，就是培養下屬，也包括培養自己。培養下屬是實現自己夢想中不可或缺的一個台階。

管理者要學會培育各方面的人才。他甚至認為，培育人才比選拔人才更重要。如何培養好自己的員工隊伍，是關係到企業發展和管理、產品、服務品質等問題的關鍵。培養人才不僅僅包括培養管理人才、技術人才，還包括培養企業所有員工，只有培養好企業內的每個員工，才能充分提高企業的競爭力。

培養下屬是中階主管的首要任務。一個優秀的軍官，應該把培養造就優秀的戰鬥團隊作為首要任務。而且，你必須堅信：你身邊的人就是最優秀的人。完成最終的作戰任務，是靠士兵、靠下屬，因為在戰場最前沿的是士兵。這是軍官必須明白的一個道理。培養士兵、培養下屬，是部隊上級、骨幹的重要任務。企業同樣如此。一個企業沒有成效，不能責怪下屬，要責怪這個企業的中階主管，因為他們對組織的成長起著制約作用。

4　能打勝仗

所有中階主管都應該意識到，企業的命脈是利潤。讓公司可持續發展，是所有中層的首要責任。只有創造利潤，企業才能透過多繳納稅額，為社會服務；透過增加收入，為員工服務；透過好的產品，為消費者服務。

常聽一些已入職場多年，甚至已經成為中階主管的朋友講，職場複雜，人心險惡。有些人甚至為此背負上沉重的精神負擔。其實，市場經濟相較於其他經濟體系，是一種原則簡單的經濟模式，摻雜進過多的人事複雜因素，其歷史由來已久，原因複雜深邃，無可究解，但肯定不是市場經濟本身的特質，是外界強加的。所以，勸那些有職場恐懼症的朋友：你簡單了，這個世界也就簡單了。如果他們問：如何使其簡單呢？那麼，就要從企業組織的目的來分析，明白企業是做什麼的，明白你自己是做什麼的。

一家企業的《員工守則》上明確寫到：企業不是幼稚園，不是社福機構，不是競技場。企業是創造財富的地方，是工作的聖殿。每個員工進入企業要像進入聖殿一樣虔誠，要精力集中、專心致志的工作，全身心的投入。明白企業是做什麼的，牢記住企業的命脈是什麼，在這個目標下，你只要能夠為企業創造實實在在的效益，其他自然就簡單了。

避免管理錯位

在企業管理中，長期以來，有一種傳統的認知，認為中階主管的職責是監視、監控，中層只要監督部下的工作就行了。整個公司中層只是互相交談，互相發出便函；到處舉辦中層會議，確保工廠和其他工作正常運行。結果，經理沉溺於文山會海中，失去了與現實的連結，不給基層管理者做決策、展示領導才能的機會。這就是經理所做的一切，而且他們認為這就是他們的工作。這就是現代企業中的管理錯位。

波音公司總裁兼執行長大衛．卡爾霍恩看出了所謂管理的真面目：「管理似乎就是比為你工作的人懂得多一點，並且對此祕而不宣，結果卻是限制了你的組織。我們每一個人都只有一定的個人能力去應付工作和實施改革。如果管理者用一半的能力來記住各種想法和瑣事，那麼他就幾乎沒有什麼精力去尋求改革和推進事業發展了。這道理對組織內部的每一個人都適用。」他發現，太多陳舊的管理風格充斥於工業活動中。「我們需要去除那些自以為是的傢伙頭腦中的不安全感。一旦你那樣做了，你就能夠鼓勵員工走出他們的世界，使他們不再受因經營而設立的界限的束縛。那時世界被打開了，他們走出封閉的盒子，走到更大的世界中去，擁有更多的玩具，感到更加興致盎然——這就是管理的全部意義。」

而有相當一部分管理著作把中階主管視為解決問題的人，因此管理的研究者不斷嘗試為中階主管總結出在不同情況下解決問題的方法，希望以此幫助他們完成企業最重要的任務。但這個觀點本身就是錯誤的。有些企業的老闆也一直認為解決問題的能力非常重要。但我們認為，發現和抓住機會要比解決問題更加重要。即使一個企業的所有問題都得到了解決，也遠遠不意味著這個企業抓住了它可以利用的機會。在這裡爭論抓住機會是否等於解決問題是沒有意義的——這只是一種詭辯。

把注意力放在機會上並不是說可以忽視存在的問題，可以逃避和否定問題，這是錯誤解釋正面思維的一種形式。我要說的絕不是要求管理者對問題視而不見，重要的是將問題變成機會。

解決問題的確很重要，但絕對不是最重要的。

一間不動產公司的副總裁描述這一管理陷阱時說：「許多經理缺少工作效率的一個原因是，他們過於重視小問題。」為什麼這樣認為，他回答說：「經理人將他們九成的時間用於處理對生產力只有一成影響的小事情上，他們過於看重這些問題，以至於完全忽略了他們的目標。」

「為什麼我們的績效衡量總讓我感覺反映不出員工的程度呢？」總裁問他的人事主管。「您怎麼會有這樣的感覺呢？」「因為在上次和客戶談判中，我發現了一個很優秀的員工，可是為什麼在最後的績效考核中，我發現他還不如一名做得最差的員工呢？」「總裁先生，其實，他也只是那一次發揮出色，平時他的工作態度和工作方法都很差，我們的績效衡量應該是多方位的。」「可是就是上次的精彩表現在他的績效考核中也未顯露出來，你能說你的績效考核不失衡嗎？還有這位……的確，他的業績一直很出色，可是他這個人職業道德很差，曾多次將我們的商業機密洩露出去，在你的績效考核中為什麼也沒有顯示出來呢？」

有效使用績效衡量方法可以對企業營運狀況進行及時的回饋。根據這些回饋，可以判斷企業是否在向自己的組織目標邁進、員工是否需要培訓、流程該如何優化重組等等。作為對企業營運結果的反映，績效衡量為企業的改進方向提供了切實的依據。與此同時，績效衡量使用不當也有可能造成打擊組織士氣、降低團隊效率、妨礙品質改進等負面影響。

不做完美主義者

身為企業的中階主管，當你決定去做什麼事情時，不要等到所有的情況都完美以後，才動手去做，那樣的話你可能一事無成。如果你仔細觀察一下，會發現有些人才智過人，工作能力也很不錯，而且又非常勤奮，一工作起來常常什麼都有可能忘了。但是，他們就是出不了什麼成果，眼看著在各方面比他們差的人都有顯著業績了，而他們依然一事無成。

這類人之所以遲遲不能成功，他有可能是個「完美主義者」。比如，他想寫一篇論文，他會在嘗試幾種、十幾種乃至幾十種方案之後才去動手寫論文。但當他開始寫的時候，又會發現他選擇的那種方案多多少少還存在著一些錯誤和缺點。於是，他繼續去尋找他認為的「絕對完美」的新方案。實際上，沒有什麼東西是「絕對完美」的，他要尋找的這種東西是不可能存在的。再比如：搬了新家窗簾還沒有裝，所以沒有請朋友來家裡玩；這支現價一百五十元的股票原想等掉到二十元再買，但它一直掉不到二十五元，所以就一直未買等等。歸納一下你會發現，你一直在等待所謂的條件完全具備，你好將它做得盡善盡美。造成這種狀況的原因就是你患上了「完美主義」的毛病。

一個漁夫從海裡撈到了一顆非常珍貴的珍珠。但是，令人遺憾的是，珍珠上面有一個小黑點。漁夫想，如果能把這個小黑點去掉的話，這顆珍珠將成為無價之寶。於是，他把珍珠去掉了一層，但是黑點仍在。再剝一層，黑點依然在。最後，黑點沒有了，但珍珠也不復存在。

追求完美的代價往往就是將「大珍珠」也追求沒了。你可能期望太高，但有時候夠好就行了。你可能浪費太多時間和力氣去追求完美，結果卻沒有時間去做好任何事情。我們需要記住的是：見好就收。

一位好萊塢女演員有一次告訴導演，她從自己本身的經驗以及和一些好演員合作後發現：「有些偉大的角色……沒有人有辦法從頭到尾全力演出，一個演員只能期望他常常有能力達到巔峰狀態。」

高爾夫球員鮑比．瓊斯也有相同的結論，他是唯一贏得高爾夫大滿貫的選手，包括美國公開賽、美國業餘賽、英國公開賽及英國業餘賽。他說：「我一直到學會調適自己的野心後才真正開始贏球。也就是對每一桿有合理的期望，力求表現率良好、穩定，而不是寄望有一連串漂亮揮桿的成就。」

鮑比．瓊斯強迫自己超越自身能力的欲望苦戰。他在高爾夫球員生涯的早期總是力求揮桿完美。當他做不到時，他就會打斷球桿、破口大罵，甚至會離開球場。這種脾氣使得很多球員不願意和他一起打球。後來他漸漸了解，一旦打壞了一桿，這一桿就算完了，但是你必須盡力去打好下一桿。

你還可以做這樣的試驗，把手頭的某項工作交給你的兩位部下，一位是完美主義者，一位是現實主義者，看看他們面對同一工作會有哪些不同的做法。等他們將方案提交上來，你會發現，完美主義者可以一下子提供給你十多種可能的方案，分別說明其可行性與利弊得失。但是他無法確定哪種方案最好。而現實主義者則不然，他可能只有一種方案，也就是他要實施的那套方案。在聰明才智方面，他比不上前者，但他能夠制定一套很實在、並且馬上就可實施的方案。

一位公司裡的研究人員醞釀了一套方案給所有的分公司經理，經理的回答方式可能是：「你的分析的確不錯，那些市場研究人員，比如布萊克先生會幫你潤色一下，布萊克先生是這方面的天才。我會告訴他等你的電話。你何不再安排一個時間——幾個星期之後——我們再研究一下？」這位經理需要請兩個人考慮再考慮，結果很有可能把計畫耽誤了。等到你把所有的因素都考慮清楚時，機會已經失去了。

假設你現在身處於湖中的一個小艇中，突然發現船身有個漏洞，這時你會開始研究該船的設計圖，對這小艇進行一番澈底的檢修嗎？如果你真的這麼做，現在也不會有機會在這裡讀我的書了。那我們應該如何應變？一個正常人此時會立刻想辦法堵住百分之九十五的漏洞再說，然後再處理剩下的百分之五。但是，不可否認，有些中階主管並不會這麼做，他們不會斷然採取一些應變的措施，譬如馬上降低存貨、減少現金支出等收效迅速的治標方法，而是叫屬下擬妥一份完美無缺的報告，打算進行澈底的整頓。但是，公司大概未等到計畫實施就已經倒閉了。

假如你公司的支出太高，就要馬上想辦法減少；如果存貨太多時，就要馬上停止進貨，而不要等到所謂「完美得無懈可擊」的報告出爐後再採取行動；如果發現應收帳款過高，應立刻收集其中幾份較大金額的資料馬上催討。同樣的道理，你也寧願立刻想辦法獲得其他新訂單以彌補所欠的目標，也不願曠日費時的等到完美無缺、無懈可擊並可賺到一百萬美元的方案出爐後再實施。

有時候完美是值得追求的。辦公室寄出的信件應該沒有任何錯字或錯誤的文法。此外，製造降落傘、保險套、飛機起降設備的人也應致力於完美。然而，有些完美即使辦得到，也不值得花費時間去做。

有時候，你必須繼續進行下一個計畫、打下一顆球，或是將建議書丟進郵筒。許多你必須做的計畫和工作就像跨欄一樣。你不該碰到柵欄，但是跨過柵欄以後就算再高也不會有額外的加分，你只需要跳過去。同理，如果你所做的計畫需要在很短的時間內跨過很多柵欄，那麼你花費太多精力在第一個柵欄上，就會筋疲力盡而沒有多餘的力氣完成剩下的部分，同時，你的速度也會減慢。最好的跨欄選手會僅以些微的差距跳過柵欄。

任何值得做的事不需要一開始就做得完美無缺；在少數事情上追求卓越，不必事事都有好的表現；不要追求完美的分析，只需要有效的分析。

重視下屬的智慧

當企業的規模變得越來越大時，一些不成文的陋規就會在不知不覺中出現。比如，員工有事要先向主任報告，而不能直接去找科長；主任就要先找科長，不能直接找處長；科長要先找處長，不能直接找經理。像這樣就很難發揮個人的獨立自主性，也使企業無法再做進一步的發展。因此，中階主管要想辦法來防止這種現象，要向員工敞開直接向經理提出意見的大門，他們有責任去製造及保持這種風氣。一般的員工越過主任、科長、處長，直接向經理報告，絕不會有損科長或處長的權威。

如果中階主管不具備這種胸懷，反而會使提意見的員工有所顧慮，這就是趨於僵直硬化的開始。

或許，員工的意見沒多大的價值，但其中一定也會有中階主管沒想到的構思，這就要特別加以注意，並且彈性的決定採用與否。如果只是固執的相信只有自己的方針才是對的，那就無法步出自己狹窄的見解範圍。唯有把員工的智慧當做自己的智慧，才能有新的構想，這是中階主管的職責，也是使企業昌盛不敗的要素。

對於員工的意見，只要是正確的就要採用。「這既是你的構思，那我就試用看看吧。」這種不完全摒棄的接納態度，才能使員工勇於提出新的意見。如果員工都是「遵照命令行事」，就算擁有再多的人才，企業也不會有發展。公司再大，人才再多，若沒有讓年輕人自由發表意見、自主工作的機會，是什麼也做不起來的。

那麼，該怎樣鼓勵員工多提有用的建議呢？

1 以感謝的心傾聽員工的意見

出主意的人很多，主要是在於判斷誰的主意能為企業帶來好處。要解決這個問題就要收取正確的資訊，提出適當的問題，進行正確的分析。中階主管對員工提出的意見，不只是一味的「聽聽」而已，為了克服企業在業務方面的弱點，必須有借用員工智慧的意識。

其一，不需要就拒絕。如果你不需要別人的建議，你就拒絕他，要態度溫和但語氣堅定。你可以說：「你的建議我將銘記在心，但我這次要按自己的想法處理。」如果你已下定決心，就不要再徵求意見，你的猶豫會使人以為你在尋求幫助。拒絕一定要堅定。如果對方為你擔心，你可以表示後果自負，你可以說：「我已經決定了。」

其二，不要暗示對方回答你想要的答案。許多人會極力順著你的想法說話。因此，如果你想得到客觀的答案，你就要學會正確的提問。例如，如果你問對方「我想自己開一家修理電腦的公司，你覺得怎麼樣？」對方只要還有點同情心，他就會附和你的想法。你要想聽一聽真正的意見，就要這樣提出問題：「這個地區開電腦修理公司有沒有前途？」

其三，說明你需要何種具體建議。你要說清楚你需要的到底是什麼，這樣雙方都能節省時間。如果你想檢驗自己的想法，或者希望別人支持你的決定，要直接說出來。

假如有這種「借用智慧」意識的話，員工自然會為企業貢獻智慧。不論員工提出什麼樣的意見，只要主管都心存感謝，他們就會爭相獻智。

2　鼓勵員工提意見

每一個中階主管都要有鼓勵員工多提意見的心態，有了這樣的意識之後，不要因為表面因素而錯過好的建議。有人拒絕某項建議是因為他曾經聽說過它太理想化、太複雜或者太簡單。這都不能說明這個建議不好。如果事情非常重要，你應該努力找一個適當的人選幫你出主意。有的人向身邊的每一個人徵求意見，這種做法不可取。這個要訣很少有人能做到。你需要的是了解情況卻未捲入其中的人，是對事件有興趣卻沒有感情牽扯的人。你可以多問幾個人，看他們對待問題有何相同和不同。

最重要的是鼓勵員工對你的意見、質問、異議、疑問等提出自己的見解。實際上這些都可能是很棒的提案。身為中階主管應該給予積極鼓勵，大力扶持這種行為。

3　給予員工實驗的場所

某公司在每一個製作所都設置一個創作室，裡面放置著車床、磨床等機器，每一位員工都可利用閒暇的時間自由使用。只要是休息時間或下班以後都可以完全自由分解機器，重新組合。正因如此，該公司內部的提案數量相當多，而且在品質方面也都相當優異。但是一般公司都因為訂了太多諸如不准碰機器、不准弄壞等繁瑣的規定，員工自然而然就退縮，而失去對機器或工作的熱情。這種公司產生不了好的提案也是很正常的事。因此，給予員工自由研究的場所，對促進提案是非常重要的。

有的人對自己喜歡的人言聽計從，對自己不喜歡的人則相反。然而，對於重大的決策還是評價一下對方建議的可靠性，你可以從以下幾點著手：他是否具備足夠的專業知識？他是否了解足夠的資訊？他是否知道你真正需要的是什麼？建議的依據是對方的人生觀和價值觀。只有極少數的建議和對方的人生觀、價值觀無關。例如，你做某項工作的原因是什麼？是升遷的機會？是薪資高低？還是其他？這只有你自己知道。別人提建議，你拿主意。

4　重視他們的意見

不要使部屬壓抑任何的不平或不滿，必須充分重視他們的意見。從員工的疲倦及對工作的倦怠等各種申訴中，可以了解到作業改善及安全性生產的重點。假如主管有這種態度，根本不需特意去提高士氣，到處都可找到改善方向的動力。

5　對意見要有所反應

例如：員工若有「這個工作希望能這麼做」、「這部機器需要修理」、「這種事告訴他也沒用，他是不會管的」這樣的心理，一定是管理者平日的態度所引起的。對任何事情都要有馬上處理或下結論的能力，對中階主管來說是很重要的。有的人覺得你徵求了他的意見就得照他說的做，否則他會覺得沒面子。你不用特地去得罪他，你可以告訴他你已經問過許多人。如果你恰巧沒有採納他的建議，他會認為是別人的建議比他的好。當你向別人致謝時，不要籠統的讚揚，而要點明他的哪個意見對你有很大的幫助。即使他的建議沒有被採納，你也要向他花費精力提出的建議表示感謝。

如果身為主管卻怠慢了這種努力或責任，不僅提案，就連員工的希望、意見也不會產生，也就無法使團隊充滿活力了。

輕鬆應對不利局面

在企業管理過程中，中階主管會遇到種種意想不到的問題。挫折和挑戰不斷向你襲來。身為中階主管，如何輕鬆應對種種不利局面呢？以下的建議可供參考：

1　擁有膽識和勇氣

其實，中階主管儘管不是毛遂，但勇於在危機時刻挺身而出。

毛遂自薦隨平原君到楚國談判合作的軍國大事，平原君與楚王談了大半天也沒結果，主要是楚王有顧慮，決意不下。眼看談判要以失敗告終，隨行的其他十九個人都一致動員毛遂上。毛遂鼓足勇氣，按劍歷階而上，問平原君，「從之利害，兩言而決耳。今日出而言，日中不決，何也？」楚王得知毛遂是平原君的幕僚後大怒道：「胡說！吾乃與汝君言，汝何為者也？」毛遂面對恐嚇毫不含糊，提劍逼近楚王，以三寸不爛之舌說服了楚王，平原君出使楚國的大功告成。這一次出使楚國，使平原君認識到了毛遂的價值，讚嘆說：「毛先生一至楚，而使趙重於九鼎大呂。毛先生以三寸之舌，強於百萬之師。」後來把毛遂作為上客看待。

毛遂固然有才，但在這裡他表現出了很大的勇氣，可以說是智勇雙全才獲得了成功。有智無勇或有勇無謀均不能成功。培根曾說過一段與此相關的話：「如果問在企業中最重要的才能是什麼？那麼就是：第一，大膽，第二，大膽，第三，還是大膽。」同樣，如果要問：在關鍵時刻獲得成功的東西是什麼？那就是：第一，勇氣，第二，勇氣，第三，還是勇氣。

2 積極解決困難

中階主管勇於直面困難，是積極克服困難的第一步。如果你剛剛發覺你的部門出了問題，就要勇敢的面對、明智的解決。如果你正在努力工作，爭取按時完成一項計畫，卻遇到了嚴重的突發情況。這時，你就應當像科學家一樣認真分析局面：問題是怎樣造成的？努力找出可處理現實問題的最好途徑，發現最有益的方法，然後遵照施行。

3 立即停止走不通的路

毫無疑問，你在工作中總會碰到許多走不通的路，在這個時候，你應當換個角度考慮問題，重新操作。優秀的中階主管的習慣是：如果這條路不適合自己，就立即改換方式，重新選擇另外一條路。

我們對於頑固不化的人，常說他是不撞南牆不回頭、不到黃河不死心。這些人有可能一開始方向就是錯誤的，他們注定不會成為優秀的中階主管。南轅北轍、背道而馳固然不行，方向稍有偏差，就會「差之毫厘，謬以千里」。還有一種可能是當初他們的方向是正確的，但後來環境發生了變化，他們不會或無法調整方向，結果只能失敗。

杜邦家族就懂得這個道理，他們懂得隨機應變。「我們必須適時改變公司的生產內容和方式，必要的時候要捨得付出大的代價以求創新。只有如此，才能保證我們杜邦永遠以一種嶄新的面貌來參與日益激烈的市場競爭。」這是一位杜邦權威對他的家族和整個杜邦公司的訓誡。事實正是如此，世界上很少有幾家公司能在為了創新求變而開展的研究工作上比杜邦花費更多的資金。每天，在威明頓附近的杜邦實驗研究中心，忙碌的景象猶如一個蜂窩，數以千計的科學家和助手總是在忙於為杜邦研製成本更低廉的新產品。數以千萬計的美元終於換來了層出不窮的發明：高級磁漆、奧綸、聚酯纖維、氯丁橡膠以及革新輪胎和軟管工業的人造橡膠。這裡還產生了使市場發生大變革的防潮玻璃紙，以及塑膠新時代的象徵——甲基丙烯酸，也正是在這裡研製成了使杜邦賺最多錢的產品——尼龍。

一個主管不僅要有經營管理的才能，更需要有一種商業預見能力。正如杜邦第六任總裁皮埃爾所言：「如果看不到眼前的東西，下一步就該跌倒了。」的確，在日趨激烈的商業競爭中，如果沒有一定的眼光，不能做出切合實際的預見，那是很難發展下去的。

4　不為小事所累

企業過程中，如果不懂得合理分配精力，各種問題便會紛至沓來。你的能力將僅限於小事，大事則無法問津，撿了芝麻丟了西瓜。被瑣碎的二流問題羈限制住大腦，自然不能留心頭等大事了。

要想培養自己權衡輕重的能力，其奧祕在於：選定一個核心目標，緊緊追隨而不分心於小事。只有找到一個值得傾注一切的目標時，員工才會全力以赴。唯其如此，他們才能做到最好。

5 保持清醒

工作中的問題大都不是由外部力量造成的，而是來自自身的原因。許多本可大有作為的中階主管都是由於自我膨脹而終遭失敗。即使是一個非常優秀的中階主管，一旦得意忘形起來，也會變成一個自命不凡惹人討厭的傢伙。大家避之唯恐不及，當然更不願與他共事了。惠普公司創辦人之一普克德曾說：「始終保持自己的本色，千萬不要裝模作樣的故作姿態。因為一旦你開始裝腔作勢，就必然會招致眾怒。」優比速的創始人吉姆．凱希也對此深有同感，他說：「不要自視過高，而應當謙虛一點。只有對自己永不滿足，才能取得更大的成就。」

中階主管要警惕自我膨脹，就要告誡自己，你的成功應部分歸功於運氣，還有他人——你的家人、導師、同事、下屬以及那些給你指導和機會的人們——給予你的幫助。

6 建立良好的溝通

優秀的中階主管都懂得把握待人接物的技巧，而所有這些技巧的核心只有一點：對他人發自內心的尊重。唐諾．彼得森在任福特汽車公司總裁時曾經說過：「要成為一名成功的主管，首先需要具備與他人坦誠合作的能力。這種能力遠比其他素養重要得多。」

尊重別人絕不僅僅是與人為善那麼簡單。中階主管應當認識到員工中間蘊藏著龐大潛能。曾任高露潔執行長的勞本．馬克說：「我們的企業在世界各地共有三萬六千名員工，在這些人當中潛藏著超乎想像的天賦、熱情和創造力。主管的職責就是要把這些天賦釋放出來。」

7　拋開小我

優秀的中階主管透過付出而不是索取來實現自身的存在價值。一間連鎖百貨公司執行長曾說：「我從個人的經歷中學到：想獲得自由就必須遵從，想獲得成功就必須付出。」換言之，只有當主管把目標置於個人利益之外，為更高的理想奮鬥不止的時候，你的工作才是最激動人心的，才最能實現它的價值。

福特汽車企業的創始人亨利．福特始終抱定一個信條：那些目光短淺、只重視眼前那份固定收益的企業是注定要失敗的。他相信，只有盡職工作才能獲得收益，否則根本沒有什麼收益可言。早在半個世紀之前，福特就抓住了這一思想的精髓，他指出：「全心全意為顧客服務的企業只需要擔心一件事：他們的利潤會多得讓人無法相信。」

做一個賞罰分明的中層

每一位中階主管手中，都有獎勵、懲罰兩根指揮棒。只獎不罰，則容易造成員工懈怠；只罰不獎，則容易引起員工人心不穩。因此，優秀的中階主管，必須要用活手中這兩根指揮棒，獎罰分明，該獎的要獎，該罰的一定要罰，絕不能因為人情而心慈手軟。

有的中階主管喜歡對犯了錯誤的員工施行殺雞儆猴的辦法，藉由處罰他來達到警告他人的效果。許多管理類書籍也認為管理者應該運用這種技巧，因此當某位員工犯錯或者業務沒達標之後，中階主管又是通報批評又是召開員工大會當場示眾，甚至有時候還找個替死鬼，其實這種手法是一種比較落後的權術手法，在倡導人性化管理的今天要慎用甚至不用，殺雞儆猴有許多不妥之處。

首先是動機不純，不符合當今企業管理制度化的潮流。殺雞就是殺雞，如果該死那是咎由自取；如果罪不至死卻死了未免冤屈；如果為了造成轟動效應，為一點小問題而大動干戈，這本身就是對企業的規章制度的一種褻瀆，喪失合理性與合法性。一個員工犯錯之後，主管應該嚴格按照規章制度辦事，該怎麼罰就怎麼罰，否則管理制度將失去權威性。

其次是方法不當，無論是「殺」也好，「儆」也好，讓人覺得有高壓之感。非得雞頭落地才得猴膽心驚不敢越雷池一步，如果此類管理用多了，下屬會認為你缺乏人性，而且會塑造單位內人人自危、膽戰心驚的氛圍。

在工作當中，會有明文的規章制度，也會有一些不成文的約定。制定這些制度的原因，就是要約束員工某些不正確的行為。當員工違背了制度的時候，就一定要對其做出相應的懲罰，否則制度就會失去他的威效。制度制定了以後，就一定要對其進行鎖定，否則會游移不定，進而使制度失效。這種鎖定是強制性的，哪怕制度已經不適應體制了，但是在沒有進行制度修改之前，也要嚴格按照原制度執行，否則就算制度修改了，也同樣不會有威效。

獎勵和懲罰也就是功與過的概念。功與過是企業運作過程中員工所表現出的兩種完全不同的結果，他們相抵的結果就是既無功，也無過。我想這是任何一個企業都無法接受的。企業不可能把員工的風險強加給企業，那樣對於企業內部的其他員工是非常不公平的。

功是企業對優秀的員工的褒獎，是企業推崇和倡導的文化，中階主管必須透過樹立這樣或那樣的典型來告訴企業內部所有的員工：這樣做是企業的主方向，所有員工都必須按照這種方式去做事情。過是企業對不好員工的處罰，目的是告訴企業員工：這是企業所不允許的。員工在日常操作中的行為準則就是不要越雷池半步，否則就要為此付出代價，因為企業可能為你的這種過而付出更大的代價。

功與過是兩種完全不同的結果，如果強行功過相抵，那麼要問的是：什麼樣的功抵什麼樣的過？怎樣個抵法？相信誰也回答不了。為什麼呢？原因是：功與過本身就是難以衡量的。如果你強行將其相抵，那肯定是「人情」的作用。如果中階主管過分考慮「人情」因素，就很難看到這種企業的未來。因為企業會因為各種情況無法產生典範，也無法實行規章制度。

功過相抵會使得員工人人都具有特權，也都享有特權。企業的運作就是「人情」的運作，所謂的規則和制度不過是給局外人看的文本而已。功過相抵的另一個結果就是：人人中庸或人人都是試驗品。在中庸的背景下，人人都明哲保身，人人都會失去創新能力，一個失去創新能力的企業未來在哪裡？我們不得而知。

吳王讀完《孫子兵法》後，就想見見孫武，看看他到底是不是一個真正有才華的人。於是吳王找來孫武，問他：「你的這些兵法，是否真像你寫的那麼管用？這樣吧，我給你一百八十個宮女，你去按照此法把她們訓練成精良的戰士。」孫武一口答應下來，立即著手訓練。他把宮女編成兩隊，挑了吳王最寵愛的兩個妃子擔任隊長，讓她倆持著戰戟，站在隊前。孫武將操練的要領和紀律都講完了以後，就喊口令讓宮女演練。可是他剛剛一喊口令，宮女就嘻嘻哈哈的笑了起來。孫武說：「約束不明，法令不熟，這次應由將帥負責。」

於是重新做了說明。然後又擊鼓，發出命令。宮女又一次哄笑起來。孫武說：「紀律和動作要領，已講清楚，大家都聽明白了，但仍舊不聽從命令，這就是故意違反軍紀。隊長帶頭違反軍紀，應按軍法處置。」於是他令人把兩個擔任隊長的妃子抓起來，砍頭以示懲戒。吳王聞聽大驚失色，急忙傳令，讓孫武不要殺他的愛妃。可是孫武說：「臣既已受命為將，將在軍，君命有所不受。」當即把兩個妃子一同斬首。又指定另外兩位妃子任隊長，繼續操練。當孫武再次發出口令時，所有的宮女都服從命令，而且嚴肅認真，舉手投足都合乎要求。

有一天，孫武就向吳王報告，這兩隊宮女士兵已訓練完畢，完全達到戰時可用的標準。可是吳王對於兩個愛妃慘死刀下的事情還耿耿於懷，對孫武也愛答不理，十分冷淡。這時，孫武誠懇的對吳王說：「令行禁止、賞罰分明，這是兵家常法，為將治軍的通則；用眾以威，責吏從嚴，只有三軍遵紀守法，聽從號令，才能克敵致勝。」這一番話，講明了獎罰的重要性，說得吳王心服口服，不但怒氣隨之消失了，還誠心誠意的拜孫武為將軍。後來，吳國軍隊在孫武的嚴格訓練下，紀律嚴明，戰鬥力高強，使吳國在當時威名遠揚。

這個故事讓我們深受啟示。在訓練前，孫武就講明了紀律，這一點今天的大多數主管很容易做到。但不容易的是，在執行的過程中，一旦碰到人情，很多主管就跨不過去，大多睜一隻眼閉一隻眼草草了事。而孫武卻嚴格按照紀律執行，絲毫不講情面，也正因為這樣，才能讓所有的人都聽令而行。不論是軍隊還是企業，要想健康、正常的運轉，不但要有嚴格的獎罰制度，而且還要有能夠嚴肅執行獎罰制度的主管。這樣做有兩個好處：

1　讓員工有制度可依

明確的獎罰制度起著關鍵的制約作用，可以有效的約束團隊。中階主管讓部門員工知道，成績優秀的人可以得到獎勵，從而調動他們工作的積極性；而誰犯了錯誤，誰就要受到懲罰。

2　樹立管理者的威信

中階主管嚴格按照制度來獎罰，不僅讓部門員工更快的成長，也在無形中樹立了自己的威信，讓大家心服口服。否則，對於該獎賞的員工視而不見，該懲罰的員工因為講人情而放棄懲罰，那麼即使牆上貼著明確的制度，也只是廢紙一張，起不到任何作用。不僅如此，還會降低主管在部門中的威信，出現員工不服從管理的情況。當然，身為領頭羊的中階主管，必須以身作則，為大家樹立良好的榜樣。

第八章　向企業交一份滿意的答案卷

中階主管必須努力提升自己的工作能力，做到高效能、高效率、高效益，這樣才能成為最受企業歡迎、最受高層欣賞、最受部屬尊敬的中階主管。否則，在企業裡沒有存在的必要，更不會有生存空間。向企業交上一份滿意的答案卷，用成績說話，靠成績生存。

學會靈活變通

因循守舊，只能故步自封；靈活應變，才能路路暢通。想當年，朱庇特神廟前，多少人窮其才智，也解不開牛車上的一副繩結，而亞歷山大凌空一劍，輕而易舉就解決了這個千古難題。正所謂：有變才有通。

偉大的思想家孔子，因在魯國實現不了他的政治願望，於是帶著弟子遊說列國，即使在遊說的路上也到處碰壁：過匡國時被匡人拘禁五日；過鄭時，被人形容為「累累若喪家之狗」，他一生跑來顛去，始終不被君王重用，孔子嘆息道：「尚有用我者，期月而已，三年有成。」，「如有用我者，吾其如東周乎！」經過了十四年的周遊生涯，六十八歲的孔子回到了魯國。臨死之際他歌曰：「泰山壞乎！梁柱摧乎！哲人萎乎！」這位明知不可為而非要為之的思想家，一生四處碰壁，屢屢被捨棄，原因到底在什麼地方呢？

當時社會的外在客觀環境是：各國國王及諸侯希望的是一種能使國家迅速強大，足以稱霸天下的法家思想，而孔子的仁愛思想恰與君王的想法背道而馳，像李悝、商鞅，包括後來的韓非的法家思想，更契合君王諸侯的想法，所以孔子屢屢碰壁也就不奇怪了。

不能有「明知不可為而為之」的頑固想法。既然不可為，那就早點覺悟，立即止步，這樣不至於浪費你的時間、精力、感情，避免出現兩手空空的結局。

當然，總是有一些自以為是的英雄人物，覺得自己天生是改造社會的人，天生是領袖人物，所以他們經常會做出一些常人不敢做的事情，當時當地似乎是成功了，但以歷史的眼光來說卻是大敗而歸。統一中國的秦始皇就是這樣一個人，以為自己是天下的皇帝就可以為所欲為，他的始皇乃至萬世的夢想，不過到了二世便土崩瓦解了。

仔細分析現實中那些在事業上「明知不可為而為之」的一味鑽牛角尖的人，會發現這類人極其自以為是，甚至到了自負的地步。他們相信自己的想法、做法是極其正確的，既然自己的正確，那別人的都是錯誤，或者至少是有不足的地方。

某人一直相信自己是天生的作家，從高中時期便迷戀於文學藝術，不屑鑽研其他學科，數理總是不及格。可是他在文學上卻始終得不到承認，他的文學青年夢既辛酸又漫長。現如今衣不蔽體、食不果腹，卻依然筆耕不輟，自認為有一天會像卡夫卡一樣揚名世界，不知他這個四處碰壁的文學夢何時才能醒來。

這類人一廂情願，忽視周圍的客觀現實。認為自己正確，這本身無可厚非，但你那一套到底符不符合現實狀況呢？單憑主觀想法而鑽牛角尖的人，必然會四處碰壁，最終困死在象牙塔裡，頑固的結局必然是失敗。

他們最大特點即不會靈活變通。《易經》有云：「窮則變，變則通，通則久。」一意孤行，明知不可為而為，為了半天，卻一點效果沒有，這個世界上沒有那種「只注重過程，不注重結果」的人。既然沒有什麼結果，那還是變通為妙，不會變通者必然死路一條。如果你在管理上屬於明知不可為而為的那類中層，那你最好不妨換個角度考慮問題。當你深入牛角尖，越往前走越黑時，你首先應對自己的選擇提出質疑：方法對嗎？為什麼會出現這樣的情況？此種情況你可以假設一下：用另外一種方法，走另外一條路線，也許會越走越明亮呢？這就是換個角度想一下。

你一意孤行於你的管理方式，就像石達開一意孤行，把軍隊領入死胡同。在人們紛紛勸你的時候，比較衝動的、聽不進人言的你，不妨找一個沒人的、僻靜的地方睡上一覺，身體在休息，頭腦卻在活動。在靜靜的空氣中仔細品味一下你所做的一切有無價值、有無錯誤、有無缺陷……湘軍將相曾國藩就是一個喜歡在繁忙中找地方靜一下的人。這樣做可以使一個人像局外人一樣來觀察、審視自己，可以使一個人熱烘烘、亂糟糟的頭腦冷靜下來。同時，你可以找一些有頭腦的人做你的軍師或嚮導。這些人就像你的鎮靜劑，會使你在「明知不可為而為之」的路上，少逗留片刻。像劉邦身邊的蕭何、張良就是這樣的人，項羽身邊的范增也是這樣的人，只可惜項羽不太聽范增的話，使得老范增被活活氣死了，而項羽繼續在「明知不可為而為」的路上越走越遠，終於送掉了自己的性命。

做企業大廈的承重牆

優秀的中階主管不僅能夠履行職位的責任，為了企業的利益，還能夠超越自己職位，擔負起更多的責任。顯然，一個不能承擔領導責任的中層是不合格的管理者；一個不能獨立履行職責的管理者是不稱職的中層。稱職的中階主管是那種能做企業大廈承重牆的人。

年輕時曾做過電影演員、美國第四十九、第五十屆總統的雷根曾被《時代》評選為美國史上最偉大的五位總統之一。雷根在總統任職期內一方面對內積極推行經濟復興計畫，主張縮減政府規模和權力，減少稅收，降低通貨膨脹率和削減社會福利。這個政策的提出使美國經濟連續八年快速成長。

另一方面，在國際問題上，他提出策略防禦計畫，對蘇聯採取強硬政策，於一九八七年十二月八日簽署了澈底銷毀和禁止兩國中程導彈條約。條約的簽署，對結束二戰後長達四十年的冷戰局面起到了重要作用。

有記者問雷根：你為什麼能當總統，而且還當得很好？他沒有正面回答，而是講了自己十一歲時的一個故事。一次，他在踢足球時踢碎了鄰居家的玻璃窗，人家索賠十二點五美元。闖禍的雷根向父親認錯後，父親讓他對自己的過失負責。可雷根沒錢，父親說：「錢我可以先借給你，但一年後要還我。」在隨後的半年時間裡，雷根靠打工賺錢，終於還清了父親當時借給他的十二點五美元。雷根的意思是，人要對自己的過失負責；總統要勇於對這個國家的過失負責。

能夠承擔責任既是企業對中層的要求，也是職位的要求。選拔、培養和造就企業的中層力量，就是選拔、培養和造就一批能夠履行職位職責、承擔職位義務，能夠達成企業使命和目標的主要力量。在企業層級構建中，每個職位的權利與義務都是對等的。接受了某種授權，就表示同時也承擔起與這種權利相對應的責任。我們經常說的按級負責，其實就是按權利與義務對等的原則負責。

有些企業的中階主管總抱怨老闆不授權、無法管理員工、無法施展自己的雄才大略，可是當遇到麻煩的時候，他們會把問題往老闆那裡一擺：您看怎麼辦？把責任推給老闆後一走了之。其實，老闆需要的是能夠在關鍵時刻提供建設性意見的人，能夠在火燒眉毛時緊急滅火的消防隊員。如果一遇到麻煩就先想到該如何開脫自己的責任，而不是想著如何盡自己的力量挽回損失，那麼，企業出錢聘你做什麼？你憑什麼有發展空間？權利與責任是成正比的，能擔多大責任就能夠擁有多大的權利。如果沒有一顆勇於擔負責任的心，最好也不要對權利、事業產生多大的期待，因為，權利是為那些願意並且勇於對後果負責的主管準備的。

不能承擔責任是中階主管常犯的錯誤。如果每位中階主管在工作中都能夠意識到，下屬工作沒做好是自己的錯，團隊能力素養上不去是自己的錯，計畫任務不達標是自己的錯，那麼，這樣的中階主管肯定會為企業創造出優秀業績。因為，下屬出錯也是主管的責任，自己不重視或交代不清、檢查不及時、督促不嚴、落實不到位，所以會出錯，工作才會受損失。既然是主管自己的錯誤和責任，今後就要在培養下屬上更花些氣力，在工作的各個環節上更嚴格要求，在督促檢查上更認真細緻，那麼，下屬自然會逐步成長，企業也就會更加興旺。

一個合格的中階主管，能力和素養是必備的，但更重要的是有承擔責任的勇氣。一個總是想逃避責任的中階主管是不稱職的。

有家香港公司辦事處，只有一位主管和一位職員。辦事處剛成立時需要申報稅項，由於當時很多這樣性質的辦事處都沒有申報，再加上這家辦事處沒有營業收入，所以這家辦事處也沒申報。兩年後，在稅務檢查中，稅務局發現這家辦事處沒有納過稅，於是做出了罰款決定。這家辦事處的香港老闆知道這件事後，就單獨問這位主管：「你當時怎麼想的，導致發生這樣的事情？」這位主管說：「當時我想到了稅務申報，但職員說很多公司都不申報，我們也不用申報了。另外，考慮到可以幫公司省點錢，我也就沒再考慮，而且這些事情都是由職員一手操辦的。」老闆又找到這位職員，問了同樣的問題。這位職員說：「從為公司省錢的角度，再加上我們沒有營業收入、其他公司也沒申報，我把這種情況跟主管說了，最終申不申報還應由主管做決定。他沒跟我說，我也就沒報。」想當然耳，這位主管馬上就被香港老闆辭退了。本應是他承擔的責任卻推給了一名普通員工，這樣的中階主管換做任何老闆都不會欣賞。

優秀的中階主管會為事情結果負責。凡事習慣於推卸責任，不但不利於事情的及時解決，更會對個人職業成長、企業的發展產生不良的影響。

中階主管勇於承擔責任有兩層意思：一是敢做敢當。如果我們在工作檢查中發現了問題，最要緊的是認真從自己身上找原因，而不是找藉口開脫自己。二是要正視困難和問題，勇於負責，主動收拾殘局，採取措施防止事態惡化，扭轉局面。

責任感是人間最高貴的情操。負責任的中階主管都是有為者；不負責任的中階主管即使能力再強，也是庸才。一個中層要對自己的選擇負責任，只有負責任、肯擔當，才能夠在工作中獨當一面，成為公司倚重的管理者。

某大型企業要應徵一個中階主管，雙方約定的面試時間已經過去好幾個小時了，應徵者還沒有到。又等了半個多小時，面試者慌慌張張的跑來了。這位先生一坐到面試官面前，就開始抱怨這座城市的交通情況有多麼糟糕，在他前面開車的那個人技術有多差，害得他車也開不動，所以耽擱時間來晚了。面試官一言不發聽完他的牢騷後，直接對那位面試者說：「你的面試已經結束了，你可以走了。」這位面試官後來說：「一個因為遲到就可以一直譴責別人的人，在工作中一定也是一個不負責的人，這樣的人很難有哪家公司能放心委他以重任。」如果真的是因為種種原因遲到了，相信面試官也不願意聽他過多解釋遲到的原因；如果不想遲到，他可以把時間留得富餘一點。當然，即使遲到了，如果他能夠及時道歉，面試官也會覺得他有錯就承認，是一個能負得起責任的人，也不至於完全沒有機會了。

這個故事道出了很多中階主管的一個致命缺點，那就是不敢承擔責任。而一名優秀的中層，在處理問題時會注意把握兩點：

首先，要從執行者的角度當中層。當企業有新的想法或者做了某種決定的時候，中層應該首先發揮管理者作用，認真把企業的想法落實，把設想變成可執行的思路，分配給自己的屬下去執行。

其次，要從管理者的角度當中層。優秀中層在做任何事情的時候，都首先想到自己的企業。做個不恰當的比喻，要像清朝的和珅那樣，總把功勞留給皇上。而當出現難題的時候，要首先把企業、老闆拉出來，勇敢的承擔責任。例如，當公司發表一項對部分員工不利的制度時，身為中階主管，應該站在企業的角度去考慮問題，想想企業為什麼會發表這樣一項制度，而不應站在普通員工的角度與下屬議論這個問題，更不能把所有的責任都推給自己的老闆，儼然自己是下屬的保護傘，永遠替下屬著想一樣。這樣的中層不是個好管理者，企業也不會重用這樣的中層當管理者。

培養果斷的習慣

如果中階主管做事優柔寡斷，不只會在你反覆考慮之間喪失了成功的機會，它給人最大的負擔是精神上的壓力。在慎重行事的同時，少一分猶豫，就多一分成功的可能。而做事堅決果斷，是中階主管最為重要的內在素養。無論是說話、辦事、決策都乾脆、俐落，絕不猶豫不決，不拖泥帶水，不朝令夕改。這是一個管理者才能、魄力最直觀的表現。

一個中階主管的成功，與他善於抓住有利時機，果斷做出決策休戚相關。不管事情大小，果斷出擊總比怨天尤人、猶豫不決更為有益。果斷決策、絕不拖延是優秀中層的作風，而猶豫不決、優柔寡斷則是平庸之輩的共性。由此可見，不同的態度會產生不同的結果，如果你具備了果斷決策的能力，必然能在殘酷而又激烈的競爭中創造出輝煌的業績。所以，只要你現在排除猶豫不決的工作態度，果斷採取行動，就能達到你預期的目的，企業也會不斷走向成功。

如果你想消除猶豫的毛病，養成果斷決策的習慣，就要從今天開始做起，永遠不要等到明天，強迫自己去練習，切勿猶豫。

烏克蘭前任總理、素以冷豔決斷著稱的提摩申科非常令人矚目。提摩申科態度強硬，言辭更加激烈，一副錚錚鐵娘子的作風，由於在烏克蘭的「橙色革命」中表現突出，她被媒體稱做「橙色公主」。

俄羅斯非常想恢復當初大國的地位和光榮，總統普丁也提出相應的構想，但烏克蘭反對俄羅斯主義和泛俄羅斯聯盟，提摩申科就是其中的代表。儘管提摩申科現在不是烏克蘭總理，但作為反對黨領袖，每次在國會有爭論的時候，她還是力排眾議，非常鮮明的提出烏克蘭的概念，堅守自己的立場。

提摩申科非常有主見，不管在不在總理的職位上，仍然堅持自己的一貫主張，被西方媒體認為展現了領袖性格中的果斷面。

主管對員工演講，做報告，要果斷威嚴。不管在哪種情況下，講話要一是一，二是二，堅決果斷，切忌含糊不清。跟員工交談切忌唯唯諾諾，被對方左右。如果對方意見與自己意見相左，可以明確給予否定，如果意識到員工意見確是對公司、對自己有利的，也不要急於表態。可以多思考少說話，也可以以「讓我仔細考慮一下」或「容我們研究、商量一下」來結束談話，你也可以利用時間從容考慮是取是捨，這就會在無形中增加了權威。

齊威王當政以後，由於委政於卿大夫，導致國勢衰微，鄰近諸侯紛紛來犯。齊威王下定決心，要澈底整頓國家政務。朝廷裡，經常有人講即墨大夫如何如何腐敗。齊威王便派人到即墨去調查情況，發現物豐人喜，人民安居樂業，官府沒有積壓的公事，邊境也安寧無事。於是，再有人參奏即墨大夫，齊威王都是斷言回絕，且怒斥之。同時，齊威王聽到的最多的好話都是頌揚阿城大夫的，說阿城大夫治理阿城如何井井有條。他打算把阿城大夫立為典型，作為群臣學習的榜樣，於是，派人去搜集他的優秀事蹟，可是那人回來向他報告說：「阿城田野荒蕪，官府腐敗，民不聊生。」齊威王當即下令將阿城大夫斬首示眾。很多大臣都來為其求情，但齊威王對他們置之不理，堅定的將阿城大夫處死了。

事後才知道，原來那些為阿城大夫求情、說好話的人都是因為接受了阿城大夫的重金賄賂，而那些說即墨大夫壞話的人則是因為即墨大夫不向他們送禮送錢。齊威王大怒，把那些巧言飾非的人們都給予了嚴厲的處罰。從此，齊國人都受到了極大的震撼，人們再也不敢搬弄是非、混淆視聽了，齊國國力也日漸昌盛。

說「不」是要付出代價的，但你要記住，由此而帶來的收益要遠大於此。身為中階主管，你常常會遇到下屬對你說：「我們都知道他不太符合下一屆負責人的條件，但他確實為公司工作了大半輩子了，沒有功勞也有苦勞啊！況且大家都很支持他。」這種帶有富有人情色彩的意見，極有可能會讓你在關鍵問題上放棄了原則，使其他人用一種巧妙的方式，來促使你放棄原來的最佳選擇。有時候就是需要你堅決的做出選擇，勇敢的對你的下屬說「不」。這不僅意味著你的尊嚴，還展現出公司的一貫原則與處事風格。

身為管理者，必須要堅持己見。堅持己見不同於盛氣凌人，它是指維護自己的觀點和立場，而不是靠爭鬥來解決問題。堅持己見的人會透過與人們進行誠實、公正、非對抗性的交流來表達自己的需求。

在你決定某一件事情之前，應該運用全部的常識和理智慎重的思考，給自己充分的時間去想問題。一旦做好了心理準備，就要果斷決定，一經決定，就不要輕易反悔。如果發現好的機會，你就必須抓緊時間，馬上採取行動，才不至於貽誤時機。不要不停思考同一個問題，一會兒想到這一方面，一會兒又想到那一方面。你該把你的決定視為最後不變的決定。養成這種迅速決斷的習慣以後，你便能產生一種相信自己的自信。如果猶豫、觀望，遲遲不敢下決定，機會就會悄然流逝，令你後悔莫及。

在管理中能成功的中層，就是在面臨決策抉擇時，能夠沉著、客觀、冷靜分析各種情況並能夠果斷決策的人。有時，在兩難的情況下做出決策確實不容易。但是，不管是對還是錯，你一定要速做決定。因為你必須採取行動。那些害怕做決定的人，不管是怕老闆指責自己，還是擔心會丟掉工作，或者任何其他能找到的放棄對自己工作的控制權的理由，都得記住，你們在消極的選擇不做決定時，其實已經做出了選擇。與其決定被動的讓工作控制你，不如你做出決定來控制工作。

在做決定時拋開僵化的是非觀念，你就能輕而易舉的做出決定。你不應將各種可能的結果當成對的或錯的、好的或壞的，甚至不應該視為更好的或更差的。各種選擇的結果只是不同而已，沒有對錯的區別。只要你不再採用自我挫敗性的是非標準，你就會發現，每當你做出不同的決定時，你只是在權衡哪一種結果。倘若你事後後悔自己的決定，並且意識到後悔是浪費時間，下一次你就會做出不同的決定，以達到你的期望。但是無論如何，你絕不要以「正確」或「錯誤」來形容自己做出的決定。

你最好意識到，果斷決策者難免會發生錯誤，但是，這無疑比那些猶豫者做事迅速，猶豫者根本就不敢開始工作。而且，就你由此所得到的自信力，可被他人所依賴的信賴感等來說，要比喪失決策力有價值得多。不做決定，你就會失去了向失敗挑戰的勇氣和決心。

當然，這種在兩難中做出選擇的勇氣必須伴隨著看清問題的敏銳洞察力。如果沒有經過思考，沒有看清問題，只有不顧後果的勇氣，以為即使下錯決定也無所謂，那就很危險了。沒有經過慎重思考就盲目決定的勇氣只不過是匹夫之勇而已。

換個角度考慮問題

二十一世紀是改革的時代，也是競爭最激烈的時代，正如網景公司創始人之一克拉克所說：「你必須站在變化的最前端，否則就將落伍。」威爾許也說：「對企業而言，僅僅知道變什麼還不夠，更重要的是知道如何變。對一些處於市場領導者地位的企業而言，切不可沉浸於自己過去的成功和今天的輝煌，以免成為日後發展的障礙。」

身為企業的中階主管，除了要具有高度自覺的判斷力外，還必須勇於冒險，主動適應變化，勇於換個角度去考慮企業難以發展的問題，勇於打破企業內的傳統結構，使其具有適應時代潮流的活力。尤其是一些傳統型企業的中階主管，更應該讓改革的觀念深入到每一個員工心中，甚至應該故意製造出一種不安定感，讓員工感到不改革就跟不上時代發展的節奏，不改革就只有死路一條。但是，中階主管千萬要注意：審時度勢，認清自己企業的優勢、能力，不能如下面案例中的烏鴉那樣，只是一味的模仿。

一群烏鴉想澈底改變自己的負面形象，牠們夢想成為鷹。一隻烏鴉前去觀察鷹生養孩子，回來後告訴大家說：「不多不少，老鷹孵卵花了整整三十天。毫無疑問，這是老鷹從小就擁有強健體魄的原因。」於是，烏鴉也花三十天來孵卵。一隻烏鴉前去觀察老鷹練習飛行的情況，回來告訴大家說：「我準確算過，老鷹每次飛到離地十公里的高空再停飛。這肯定是牠們擁有強大飛翔能力的關鍵。」於是，大大小小的烏鴉努力向十公里的高空衝去，從不停歇，可直到牠們相繼累死，也沒有一隻烏鴉飛到那麼高的位置。烏鴉還是烏鴉，牠們到死也沒有改變。

一些企業有時也犯了和這些烏鴉一樣的毛病。在看到「奇異」這隻鷹時，都夢想自己能成為那樣的霸主，從而盲目模仿。有的企業如這個故事中的烏鴉般累死過去；有的企業及時收手，安分做優秀的自己。我以為，與其不切實際的幻想成為一隻鷹，倒不如去做一隻優秀的「烏鴉」。正確認知自己的能力，知道自己能做什麼、不能做什麼，這樣才不會陷入困境。

「做大還是做強？這是個問題。」哈姆雷特式的內心交戰，不知在多少企業家身上一遍又一遍的重演。在國際市場壓力下，某些企業一直有做大情結，為做大而做大，盲目擴張。

大魚吃小魚，快魚吃慢魚，強魚吃弱魚。這是個被很多企業家認同的商業規則。因此很多公司都想做快魚，做大魚，做強魚。因為小，就渴望變大變強，這是一個自然的規律。但是很多企業在短時間內完成從小到大後，並沒能隨之變強，生存能力並沒有隨之增加，導致公司在一夜之間崩塌。

破釜沉舟、置之死地而後生的例子的確驚險生動，但這是不得已的戰術，優秀的主管除非萬不得已，否則不會鋌而走險。

機遇本身就是一種變化，企業若不想失去發展的良機，就必須隨機應變，在激烈而多變的市場競爭中取得主動，實現永續發展。

許多企業家雖然都聲稱自己樂於變革，勇於改變，但是，當有些中階主管想換個角度考慮問題並進行改革時，他們便開始攔阻說：「我們怎麼能那麼做？」「幾年前我們就試過了，行不通。」甚至還會說：「見鬼，你怎麼會想那麼做。」這樣下去，企業只會一而再、再而三的錯失良機。

一九七〇年代，Levi's牛仔褲在美國牛仔褲市場上獨占鰲頭。公司的分銷策略是將純正的Levi's產品在高級百貨公司裡專賣。幾十年來，這種策略鋪平了Levi's公司通往成功的道路，公司的決策層相信，保持這種傳統的分銷策略將使他們繼續沿著有利可圖的道路前進。但是，到一九七〇年代後期，購物中心開始時興起來，傳統的百貨商店過時了，很多百貨公司連鎖店被迫變成購物中心，以留住購物者。他們自願加入了競爭，特別是在服裝產品方面。在多數購物中心裡，精品店和「青少年商店」很快成為新潮年輕人購買衣服的去處。

可惜的是，Levi's公司並沒有根據市場的變化進行改革，依然固守著傳統的模式，在過時的百貨商店裡銷售自己的產品。而那些時尚的青少年認為，傳統的百貨商店是他們父母購買衣服的地方，而不屑於購買裡面的衣物。結果，Levi's努力在青少年心中培養起來的流行品牌形象消失了，產品銷量急遽下降。一九七〇年代，Levi's牛仔褲曾創造獨享牛仔褲市場占有率百分之七十的巔峰，但到了一九九九年，這一數字已下降到百分之二十，並且關閉了二十二家工廠中的十一家。

外在環境不斷在變化，不能適應外在環境的變化並於內部推動改革的公司，終將被市場所淘汰。

美國泛世通輪胎公司曾是全球著名的老牌輪胎生產企業。但面對市場環境的變化，泛世通公司的經理層卻懼怕改革，不敢採用新的管理措施推進改革，仍然沿襲傳統的經營模式參與市場競爭。這一選擇注定了泛世通的弱勢地位。最終在一九七九年與法國米其林公司爭奪市場時，泛世通全面潰敗，並陷入困境。到一九八〇年代末，泛世通輪胎公司終因經營不善，負債累累，被一家日本輪胎生產商普利司通收購了。

大多數人不喜歡變化，但是變化中潛藏的機遇，也許就是企業最好的良機。所以，身為一名中階主管，應該視變化為機遇，並銘記：企業的優勢地位並不保險。只有憑藉靈活、速度和不斷改革，才能適應不斷變化的市場。所以，企業要想在市場上永遠保持自己的地位，就不能安於現狀，因循現有的模式，尋找新的定位與機會，用改革來適應市場需求。這樣才能確保自己不被市場所淘汰。

變化是企業發展的必經之路。尤其是在商業領域裡，改革通常意味著一個嶄新的開端和更為廣闊的生存空間。只有面對變化、迎接改革，才能使企業飛躍發展。

時刻懷有危機感

哈佛商學院教授 Rich A rd P A sc A le 曾經說過這樣一句話：「沒有危機感是最大的危機。」我們說，大凡企業的發展都有一個成長成熟的過程，但如何把握好這一過程、注重每一個環節、控制好風險影響、培養員工競爭意識和憂患意識是至關重要的。

有的企業在興盛時妄自尊大，認為自己的企業或所從事的職業不會受到什麼衝擊，更不會被市場淘汰，不知天外有天，不從大的市場角度研究發展策略，不及時調整產品結構，而是著重盲目擴張。在許多方面因循守舊，故步自封，沒有了前進的動力，失去了市場不斷激發的活力。這樣的企業注定會走向滅亡。

相反，百年不衰的知名企業無不把危機感作為激勵企業員工和促使企業萌發創新理念的原動力，每分每秒都有被淘汰的思想意識。只有在這種氣氛之下，企業管理者才能認真研究自身的發展方向和目標，制定科學管理的發展計畫和措施，不斷創新思維，強化科技創新，著力提高自身競爭力和應對各種風險的防範能力。

企業發展的無定性時刻在提醒我們：在順利時，你要有緊迫感、危機感，要居安思危。鐵達尼號當初也是在一片歡呼聲中出海的。而且，這一天一定會到來。面對這樣的未來，我們是否思考過？

居安思危，絕不是危言聳聽。

在主業還沒有做強做大做精，市場地位還不穩固的同時，卻指望把手中的一顆雞蛋放在幾個籃子裡，並且都能孵出金雞來，這往往是不現實的。

當年日本八佰伴集團的倒閉告訴我們一個真理——沒有危機意識，盲目擴張是十分危險的：

一九九一年，八佰伴盈利處於高峰期，有五千七百萬元的純利。往後四年，八佰伴開了七間分店，盈利急速滑落。一九九五年起，八佰伴更出現大幅虧損，累計虧損三億一千六百萬港元。八佰伴不斷將資金投入新店，戰線拉得過長，整體開銷不斷增加，存貨數量不斷提高。在資金流入無法應付開支的情況下，八佰伴唯有不斷向銀行借貸及延遲向供貨商還款，利息開銷也因此日益加重。正所謂「天有不測風雲，人有旦夕禍福」。作為市場生態鏈上的一環，無論你是兔子還是烏龜，都會不可避免的遇到各式各樣的危機。如何成功處理危機，是每個企業不能迴避的問題，也是每個企業必須正視的挑戰。

俗話說：「預防是解決危機的最好方法。」未雨綢繆，超前預防潛在的危機本身就是最好的公關。對於企業而言，預防危機的難度在於危機的先兆可能很細小，非常容易被忽略，也可能出現的頻率很高，以致麻痺了決策者的神經，還可能從先兆出現到危機爆發的時間極短，企業無暇顧及。

雀巢公司是全球規模最大的跨國食品公司所生產的食品，尤其是即溶咖啡，風靡全球，是其主要產品之一。然而，就是這樣一個飲譽世界的雀巢帝國，在一九七〇年代卻險些信譽掃地，「一命嗚呼」。當時世界上出現了一種輿論，說雀巢食品的競銷導致了發展中國家母乳哺育率下降，從而導致了嬰兒死亡率的上升。由於雀巢的決策者拒絕考慮輿論的批評，依舊我行我素，加上競爭對手的煽風點火，一九七七年，一場著名的「抵制雀巢產品」運動在美國爆發了。美國嬰兒奶製品行動聯合會的會員到處勸說美國公民不要購買「雀巢」產品，並批評這家瑞士公司在發展中國家有不道德的商業行為。對此，雀巢公司只是一味為自己辯護，結果遭到了新聞媒介更為猛烈的抨擊。

危機持續了十年之久，正如一位美國新聞記者所言，「抵制雀巢產品」運動是「有史以來人們向大型跨國公司發起的一場最為激烈和最動感情的戰鬥」。直到一九八四年一月，由於雀巢公司承認並實施世界衛生組織有關經銷母乳替代品的國際法規，國際抵制雀巢產品運動委員會才宣布結束抵制運動。如今回頭細想，其實這場產品抵制運動是完全可以避免的，問題出在雀巢公司未能盡早注意到社會大眾的合法要求，與社會上那些有影響的決策人物的傳播溝通工作也做得不好。

更為不幸的是，它不能正確對待社會活動家的批評建議，雀巢公司甚至對一些教會領袖所提出的嚴肅的道德問題也採取了冷漠的態度，一味強調所謂的科學性和合法性，結果非但沒令人覺得公司有在關心社會大眾提出的問題，相反，還讓人留下了公司不肯讓步的負面印象。

做勇於創新的中層

在市場競爭激烈、產品生命週期短、技術突飛猛進的今天，不創新就會滅亡。如果一位中階主管希望成功，就要主動創新，而不是跟在別人的後面。一個優秀的組織，也必然需要一批主動創新的中階主管。

在今天，創新是企業生存的根本，是發展的動力，是成功的保障。自主創新能力是企業實現跨越式發展的第一步。

一個強大的企業必須有持續成長的收益和利潤，收益的增加來自於源源不斷的新主意和產品創新，利潤的成長則來自於勞動生產率的不斷提高。利潤是收益的一部分，在收益一定的條件下，企業再怎麼提高勞動生產率，總有一個相對的上限，即老產品的利潤率在達到一定值後就不大有可能提高。所以，企業要強大，就必須把創新視為企業的基本策略之一。

作為市場經濟主體的企業，面對瞬息萬變的競爭環境，尤其需要創新，從「變」中搜尋規律，追求長久的發展。

在一九二〇、一九三〇年代，福特一世以大規模生產黑色轎車獨領風騷十餘載，但隨著時代變遷，消費者的消費需求也發生著變化，人們希望有更多的品種、更新的款式、更加節能降耗的轎車。而福特汽車公司的產品，不僅顏色單調、而且耗油量大、廢氣排放量大，完全不符合日益緊張的石油供應和日趨緊迫的環境治理的客觀要求。此時，通用汽車公司和其他幾家公司則緊扣市場脈搏，制定出正確的策略規劃，生產節能降耗、小型輕便的汽車，在一九七〇年代的石油危機中後來居上，使福特汽車公司一度瀕臨破產。所以，福特公司前總裁亨利．福特深有體會的說：「不創新，就滅亡。」

要創新就要有制度的支持，很多世界級的大公司都有自己的一套鼓勵員工創新的方法。比爾蓋茲說：「微軟離破產永遠只有二十八個月，不創新就滅亡。」創新、創新、再創新是微軟致富的全部奧祕。

豐田公司希望員工表現自己的創新能力，自行想辦法解決問題，設計出更有效的工作方式。合理的建議一旦被採用，公司會撥給開發經費和人員。豐田公司不遺餘力的開發員工才能的做法不僅為公司創造了可觀的效益，還使員工真正愛上了公司。他們透過「工作輪調」的方式對員工進行創新能力培訓。透過這種方式的培訓，豐田不僅將一線職位的員工培訓成多功能作業員，同時也使一些資深的技術骨幹把自己的技能和知識傳授給年輕員工，並促使員工在不同職位輪換中激發創新的靈感。

市場競爭從來就是殘酷的，或者領先，或者被淘汰出局。不在奮發中生存和發展，就在僵硬中奄奄一息。在這個市場遭遇危機的時候，「無動於衷」和「麻木呆板」是危險的。唯有充滿熱情的創新，才能在這個危機重重的行業中看到一線希望，為自己留有一席之地。

誠然，創新不僅是團隊發展的源泉，也是團隊生存的基礎。有遠見的領導者需要創新也歡迎創新，身為團隊的管理者也要勇於創新、不斷創新——這些觀點本身並沒有問題，真正的問題出在我們究竟該如何創新？把創新當成管理工作的目的可不可行？

靜下心來分析，就可以發現：任何創新活動，本身都和其他任何活動一樣，有正面和負面兩種效應。如果選擇不當或者實施不當，其負面效應會超過甚至遠遠超過正面效應，反而為團隊帶來意想不到的危害和損失，此其一。其二，所謂物極必反，過度強調創新、追逐創新就會偏離創新的目的和方向，甚至走向創新的反面。如同熱情對於人的生命非常可貴，但過度的熱情對於人的生命也非常有害一樣，過度的創新行為對於團隊也會產生同樣的負面效應。其三，一般團隊人員的水準都參差不齊，一味鼓動創新，不注意一些「後進」員工的感受，這樣很容易引起下屬的反感，以致下屬不買管理者的帳、不與管理者配合，甚至打管理者的臉，拆管理者的台，管理者一腔美好的創新熱望得不到響應，反被人所孤立，只落得鬱鬱寡歡，最終什麼創新願望也實現不了，還丟失了必須具備的人際關係。

所以，身為中層，不能簡單的將大腦中的創新想法與團隊中的創新實踐畫上等號，更不能只為創新而盲目「發燒」。而是要以一顆平常心對待創新，主要的思維和精力應該集中在團隊的正常營運和健康發展上，不要讓自己和團隊為創新而創新。

第一，最好的中階主管必然是具有魄力的幹部，面對創新的阻力，不會逃避，而是想辦法來解決。第二，創新、革新，是要有針對性和可行性的，不能大而空，這樣將不利於貫徹執行。第三，創新、革新不能過於激進，急於求成，也就是說宜緩不宜急。第四，要對自己的革新對象有足夠的耐心。對於每一個剛誕生的新事物，員工都會有一個接受的過程，你必須學會不厭其煩的說服員工。綜上所述，無論是技術的創新還是制度的創新，都需要中層幹部實事求是的根據單位需要來進行，既不能逃避責任，也不能盲目改革。最好的中層是主動創新的中層，他們善於在創新中找到發展的契機，為自己和企業帶來最大的成功。

懷有高效能思維

優秀中階主管不但是管理者，更是藝術家。那麼，衡量一位中階主管是否優秀，有一個重要的標準，即是否有高績效思維。企業管理專家彼得·杜拉克有一個著名的觀點：「在制定任何決策、採取任何行動時，中階主管必須把經濟績效放在首位。他只能以所創造的經濟成果來證明自己存在的價值和權威。」

另外，杜拉克在其著作《杜拉克談高效能的五個習慣》中，更是用了整本書的篇幅，闡述了管理者首先要對有效性負責：管理層只能以其創造的經濟成果來證明自己存在的必要與權威性。這句話無疑為所有的中階主管敲響了警鐘，它時時刻刻告訴我們：優秀中層必須有高績效思維！二戰時期發生的一個故事，最能說明這個問題。

蘇聯軍隊準備在利沃夫方向實施重點突擊。為了轉移德軍的視線，減輕蘇軍在主要突擊方向上的壓力，蘇軍幾個集團軍的指揮官在一起商討把敵軍從主攻方向上調離，以分散敵人的兵力部署。圍著長會議桌，指揮官提出了一個又一個方案，可是由於種種原因，一個接一個的方案都被否決了。最後，一位少校獻計道：「我只需三十個士兵和三十輛汽車就足夠了。」說罷，許多指揮官都向他投來了懷疑的目光。可是，當他把自己的具體方案陳述完畢後，大家又都覺得可行了。第二天晚上，德軍的夜間偵察機在某地區發現了一支悄悄行動著的蘇聯軍隊。

於是，偵察飛行員把偵查結果報告了上級。上級命令：緊密偵查該地區。第三、第四天晚上，偵察機加強了對該地區的偵察。幾天來的偵察顯示，蘇軍部隊的確在進行祕密轉移。情報自然上呈到了德軍指揮部。指揮官立刻召開了敵情分析會，大家一致得出結論：該地區一定是蘇軍的主攻口，必須進行重點防禦。很快，在利沃夫地區執行防禦任務的一個德軍坦克師和一個步兵師接到命令，調往該地區布防。

但是，他們被這位少校牽著鼻子走了。因為他的方案是：僅僅派十八集團軍的三十個士兵，組成兩個十五人的小分隊，各帶手電筒，並分乘汽車，模擬了機械化部隊利用夜晚向集中地域開進的動作。當德軍偵察機出現時，他們向天空打開所有的照明設備，吸引飛機的視線，而當德機飛臨「行軍縱隊」上空時，又故意將照明全部熄滅，以給敵機一種躲避對方偵察的錯覺。德機飛過後，「行軍縱隊」再一齊打開照明，繼續模擬機械化部隊的開進動作。如此重複幾個回合後，德軍果然中了圈套。

用三十個人就成功牽制了德軍兩個師，不得不說是一筆本小利大的買賣。在市場經濟和知識經濟的新時代，高績效越來越被組織和領導者所重視。那麼是否能以最低的投入，換取最有效率的結果，將是老闆考察一個中階主管是否合格、是否有發展前途的最重要標準。一位中階主管，更多的是承擔著一個團隊的成敗榮辱，因此，他不僅扮演著領頭羊的角色，更扮演著指揮家的角色。領頭羊是身先士卒的，路上有荊棘，牠會第一個為群羊開道；前面有岔路，牠會憑經驗做選擇。正因為牠永遠站在第一線，所以是最具威望的。指揮家是善於作戰的，他必是高屋建瓴，看清大局，即使面對千軍萬馬，也從容不迫，指揮若定。因此，一流的中階主管，既是領頭羊，更是指揮家。

某公司安排三位準備重點培養的中層經理下到基層鍛鍊和考察，預計在其中挑選一位提拔進高層。他們三位的工作很簡單，只是將公司回收的各種報廢汽車分解成一個個的小塊，然後送到鋼鐵廠。幾天後，老闆親自逐一檢查他們的工作，表揚了一位姓謝的中層經理。另兩位不解：我們也同樣辛苦，為何單獨表揚他？老闆淡淡的說：「相同一種報廢的汽車，你們分解需要五天，謝經理卻只用四天，而且保證了品質。」

沒過幾天，老闆又來檢查了，這次表揚的還是謝經理。另兩位依舊不服，甚至認為是謝經理擅長拍馬屁才得到了褒獎。老闆溫和的說：「你們的工作量雖然也和謝經理差不多，但是，謝經理把報廢車上的銅都割下來了，你們卻沒有這樣做，而是將那些銅隨便當廢鐵賣掉了。在市場上銅價是鐵價的好幾倍呢！你們卻沒注意。王經理的做法，為公司挽回了不少的損失！」最後，這位謝經理連升三級，升任公司副總。不僅職權增加了，地位提高了，年薪也增加到了幾十萬。

但是想想他對待公司利益的認真態度，難道配不上這樣的待遇嗎？他創造了比公司基本要求還高的價值，並且是在公司沒有要求的情況下主動完成，公司自然會給他豐厚的回報和無限的發展機遇！所以，當我們斤斤計較薪水太少、職位太低的時候，都應該捫心自問：我為公司創造了多少價值？

中層經理的價值在哪裡？不僅要讓自身的價值最大化，還要把團隊的價值也最大化，做出最優秀的業績。同時，完美的連接高層與基層，充當合格的協調者與建設者、出色的溝通者與執行人。你成為了高層眼中的好下屬，基層眼中的好上司。

要真正釋放出團隊的潛力，就必須塑造高績效的團隊文化。文化能夠從最深處影響我們的生活方式和行為，一支團隊如果擁有高績效的文化，便可以使得每一位成員都將高績效視為使命，從而付出一切努力以確保團隊的高績效。

傑克．威爾許是一位傑出的經理人，他將企業文化視為管理的核心，為了使企業文化從一種概念轉變為實實在在的管理工具，他將團隊文化分解為使命感和價值觀。這樣就可以使得團隊文化逐漸清晰化、具體化。同時，我們發現很多團隊遭遇失敗是因為兩個跟文化相關的原因：畏懼失敗和甘於平庸。我們認為，這兩者是成功最大的敵人，而這兩個敵人全部存在於員工的內心之中。對失敗的畏懼或許來自於經理人。很多經理人不能夠對失敗採取寬容的態度，一旦發現員工出現差錯，往往會立即進行批評和懲罰，導致員工戰戰兢兢，從而不敢接受新的工作和任務。而甘於平庸則更糟糕，它使員工們總是滿足於眼下的成績，過著得過且過的生活。一旦如此，團隊就不可能獲得高績效。

用競爭機制說話

二十一世紀是一個充滿競爭的時代，中階主管必須重新界定自己在企業的作用。無論你的企業是大還是小，都必須面對高利潤企業的高效率競爭，若不及時反省管理原則，隨時都有可能慘遭淘汰。

中階主管應向員工說明企業競爭力的重要性。強而有力的競爭，可以促使員工發揮高效能的作用。因此，中層在對員工的管理中，引入競爭的機制，讓每個人都有競爭的意念，並能投入到競爭之中，企業的活力就永遠不會衰竭。

研究顯示，競爭可以增加一個人百分之五十或更多的創造力。每個員工都有上進心、自尊心。競爭是刺激他們上進最有效的方法，自然也是激勵員工的最佳手段。沒有競爭，就沒有活力。沒有壓力，企業也好、個人也好，都不能發揮出全部的潛能。

企業管理專家認為，沒有競爭的後果，一是自己決定唯一的標準；二是沒有理由追求更高的目標；三是沒有失敗和被他人淘汰的顧慮。

許多企業辦事效率不高、效益低下，員工不求進取、懶散鬆懈，從根本上說，是缺乏競爭的結果。鑑於此，中階主管要千方百計將競爭機制引入企業管理中。只有競爭，企業才能生存下去，員工才能士氣高昂。競爭的形式多種多樣，例如，進行各種競賽，用幾組人員研究相同的課題，看誰的解決方式最好等等。還有一些「隱形」的競爭，如定期公布員工業績，定期評選優秀人員等。你可以根據本企業的具體情況，不斷推出新的競爭方法。

競爭中要注意的問題是競爭的規則要合理，執行規則要公正，要防止不正當競爭，培養團隊精神。有些競爭不但不能激勵員工，反而挫傷了員工士氣。如果優秀者受到揶揄，就是規則出了問題，不足以使人信服。

競爭中任何一點不公正都會使競爭的光環消失，如同一場裁判偏袒一方的足球賽。如企業競選某一職位，員工知道中階主管早已內定，還會對競選感興趣嗎？如進行銷售比賽，對無法完成任務的員工也給予獎賞，能不挫傷優秀員工的積極性嗎？失去了公正，競爭就失去了意義，只有公正才能達到競爭的目的。

企業成敗的關鍵在中階主管，在中層的德才素養、管理水準和創新能力。

凡是競爭激烈的地方，經常發生不正當競爭，如：不再支援同事的工作，背後互相攻擊、互相拆台；封鎖消息、技術、資料；在任何事情上都成為水火不相容的「我們和你們」；採取損害公司整體利益的方法競爭等等，這些競爭勢必破壞團隊精神。企業的成功依賴於全體員工的團結、目標一致，而不正當的競爭足以毀掉一個組織。

為了避免不正當競爭的弊端，首先要塑造團隊精神，讓大家明白競爭的目標是團隊的發展，「內耗」不是競爭的目標；其次是創造一個附有獎勵的共同目標，只有團結合作才能達到；第三是對競爭的內容、形式進行改革，剔除能產生彼此對抗、直接影響對方利益的競爭項目；第四是創造或找出一個共同的威脅或「敵人」，如另一家同行業的公司，以此淡化、轉移員工間的對抗情緒；最後是直接攤牌，立即召見相關人員把問題講明白，批評彼此暗算、不合作的行為，指出從現在開始，只有合作才能受到獎勵，或者批評不正當競爭者，表揚正當競爭者。

不可否認，競爭確有負面的影響，尤其在員工素養較差時，可能會出現一種無序的惡性競爭或不良競爭，影響企業的發展。但競爭的好處是顯而易見的，利大於弊，領導者還是大膽的鼓勵競爭吧！只有平庸的人才害怕競爭。

做最好的執行者

中階主管完成企業任務的狀態可以分為三種：第一種，敷衍應付，做是做了，但和企業要求的差很多，也就是打了折扣；第二種，企業要求的，會做到；沒要求的，不會多做；第三種，不僅企業要求的會做到，沒有要求的，只要是有利於把事情做得更好的，都會主動去做，讓結果遠遠超過企業的期望。

中層要想成為最好的執行者，就要用第三種標準去要求自己。不是去被動應付，而是能夠主動負責。

再比如，當我們要去買一樣東西時，如果是自己花錢買，就會非常用心的精打細算，不辭辛苦的貨比三家，最後買的東西品質要好，價格還要便宜。但如果是替公司買東西，可能首先想到的是方便和省事，至於品質是不是最好，價格是不是最便宜，都無所謂，反正花的不是自己的錢。但一個最好的中層執行者，不會把自己的事和企業的事分得那麼清楚，而會把企業的事當成自己的事來做。

如果中階主管有了這樣主動執行的心態，他就會時時考慮：自己怎麼才能做得更好？哪裡還需要改進？如何才能達到最好的效能？怎麼樣才能用最小的投入獲得最大的效益？

雅琴是某家房地產公司的總經理，在她的成長過程中，有一件事情讓她印象特別深刻：當時，她剛剛擔任公司的建築材料採購經理。因為公司承建的一個高級社區所用的材料都要從國外進口，為了不耽誤工地的施工，只要新產品一推出，她總第一時間訂貨。但事實上，因為需要辦理各種相關進口手續。這樣一來，貨是定了，但因為相關的手續沒有辦齊，產品無法發貨，只能積壓在境外的倉庫裡，但相關物流、關稅等費用在訂貨時必須付清，所以，公司不少錢都壓在裡面，而沒有產生任何效益。為此，雅琴的上司把她叫過去，狠狠批評了一頓，並且毫不留情的質問她：如果妳用的是自己的錢，妳會這麼早就訂貨嗎？會讓產品積壓在境外而產生不了任何效益嗎？

雅琴一聽，不禁羞愧的低下了頭，低聲說：「如果是自己的錢，一定會慎重！」從那以後，她改變了以往的訂貨方式，直到辦好一切手續後，再下訂單。這件事情對雅琴的影響很大，從那以後，不管做任何事情，她總會想起上司的話，如果這是妳自己的事，妳會怎麼做？這也讓她對每一件事情不敢有絲毫懈怠，總是想好了再去做。正是因為有了這樣的心態，讓她越來越受到重用，最終成為該房地產公司的總經理。

在企業中，很多中階主管就像機器人一樣，執行中很死板、被動的遵守常規。其實，最好的中層往往能夠主動打破限制，並把創新力落實到執行中，主動為企業做出貢獻。

我們知道，人們往往把創新看得很神祕，認為這是專業人士，甚至是只有高級知識分子才能做的事情。其實，創新與我們一點也不遙遠。誰都可以創新，而且在日常的工作中就有創新的機會。抓住這樣的機會，不僅能好好創新，而且能改善自己的工作，讓自己的執行更有力量、更加到位。

中階主管要想把執行做到最好，僅僅是聽話照做，或者過去是怎麼做的現在還怎麼做，一成不變的照搬是不夠的，有時候還需要將創新力和執行力做結合，主動去改善流程。

電子書購買　　爽讀 APP

國家圖書館出版品預行編目資料

卓越管理者的塑造，從優秀中層到領導者的轉變：中煎主管日記，就算心中 OOXX，賣肝也要做好做滿！ / 楊仕昇 著 . -- 第一版 . -- 臺北市 : 財經錢線文化事業有限公司 , 2023.09
面；　公分
POD 版
ISBN 978-957-680-682-7(平裝)
1.CST: 職場成功法 2.CST: 中階管理者
494.35　　112013619

卓越管理者的塑造，從優秀中層到領導者的轉變：中煎主管日記，就算心中 OOXX，賣肝也要做好做滿！

臉書

作　　者：楊仕昇
發 行 人：黃振庭
出 版 者：財經錢線文化事業有限公司
發 行 者：財經錢線文化事業有限公司

E-mail：sonbookservice@gmail.com
粉 絲 頁：https://www.facebook.com/sonbookss/
網　　址：https://sonbook.net/
地　　址：台北市中正區重慶南路一段六十一號八樓 815 室
Rm. 815, 8F., No.61, Sec. 1, Chongqing S. Rd., Zhongzheng Dist., Taipei City 100, Taiwan
電　　話：(02) 2370-3310　　**傳　　真**：(02) 2388-1990

印　　刷：京峯數位服務有限公司
律師顧問：廣華律師事務所 張珮琦律師

定　　價：350 元
發行日期：2023 年 09 月第一版
◎本書以 POD 印製